养殖场管理技术参数丛书

猪标准化生产技术参数手册

主　编
武　英

副主编
郭建凤　张　勇

编著者
蔺海朝　呼红梅　王　诚
成建国　孙守礼　张　印
王彦平　王怀中　肖荣龙

金盾出版社

内 容 提 要

本书是《养殖场管理技术参数丛书》的一个分册，由山东省农业科学院畜牧兽医研究所多位专家编写。本书从猪育种与繁殖技术参数，猪营养需要与饲料配制技术参数，猪饲养环境参数，猪胴体品质评定技术参数，猪场生物安全参数，猪场经营管理参数，猪生产的社会流通等 7 个方面，将猪生产中的关键技术参数加以提炼、汇总，内容全面、实用。本书适用于猪场经营管理者掌握生产关键环节，适用于技术人员抓重点指导生产，也适用于农业院校相关专业师生阅读参考。

图书在版编目(CIP)数据

猪标准化生产技术参数手册/武英主编 . -- 北京 : 金盾出版社，2012. 4

(养殖场管理技术参数丛书)

ISBN 978-7-5082-7305-1

Ⅰ. ①猪… Ⅱ. ①武… Ⅲ. ①养猪学—标准化—技术手册 Ⅳ. ①S828-62

中国版本图书馆 CIP 数据核字(2011)第 245299 号

金盾出版社出版、总发行

北京太平路 5 号(地铁万寿路站往南)

邮政编码:100036 电话:68214039 83219215

传真:68276683 网址:www. jdcbs. cn

封面印刷:北京凌奇印刷有限责任公司

正文印刷:北京军迪印刷有限责任公司

装订:兴浩装订厂

各地新华书店经销

开本:850×1168 1/32 印张:7. 125 字数:181 千字

2012 年 10 月第 1 版第 2 次印刷

印数:6 001～9 000 册 定价:14. 00 元

目　录

第一章 猪育种与繁殖技术参数

第一节 猪性能测定与育种值参数

一、性能测定

(一)性能测定条件与要求

第一,凡属优良品种(系)的种猪必须按本规程进行性能测定和评定。

第二,饲养管理条件:①受测猪的营养水平和饲料种类应相对稳定,并注意饲料卫生条件。②受测猪的圈舍、运动场、光照、饮水和卫生等管理条件应基本一致。③测定单位应具有相应的测定设备和用具,并规定专人使用。④受测猪必须由技术熟练的工人进行饲养,有一定育种知识和饲养经验的技术人员进行指导。

第三,在测定中,应按有关规程的要求,建立严格的测定制度和完整的记录档案。

(二)受测猪的选择

受测猪必须健康、生长发育正常、无外形损征和遗传疾患。受测前应由兽医进行检验、免疫注射、驱虫和部分公猪的去势。

受测猪应来源于主要家系(品系),从每头公猪与配的母猪中随机抽取 3 窝,每窝选 1 公、1 阉公和 2 母进行生长肥育测定,其中 1 阉公和 1 母猪于体重 100 千克(因猪种不同屠宰体重也不同)时进行屠宰测定。

受测猪应选择 70 日龄和体重 20 千克以上的中等个体。测定前应接受负责测定工作的专职人员检查。

(三)测定方法

1. 生长发育测定

(1)4 月龄体重　受测猪于 4 月龄进行称重，淘汰生长发育不良的个体。

(2)达 100 千克体重日龄　受测猪于 85～105 千克体重时进行称重，测定背膘厚，有条件的可测定体尺性状，如体长、体高、胸围等。

2. 肥育性能测定　受测猪进站(场、舍)后，进行观察、检疫和预饲。体重 25 千克或 30 千克时开始测定，于 100 千克时结束。受测猪应采用单栏个体饲养，亦可采用群养个体饲喂，准确记载饲料消耗量。

受测猪患病时应及时治疗，如生长发育受阻，及时淘汰，并称重和结料。若出现死亡，应有尸体解剖记录。

受测猪于体重 25 或 30、60 和 100 千克时进行空腹称重，分别计算平均日增重和饲料利用效率。

受测猪体重 100 千克时，在最后肋骨距背中线 4 厘米处测定活体膘厚(因使用仪器不同测定部位有差异，按仪器说明书操作)。

3. 屠宰测定　主要指胴体重、屠宰率、膘厚、皮厚、胴体长、腿臀比例、眼肌面积和胴体瘦肉率等胴体性能指标的测定，具体测定和计算方法参见第四章。

4. 肉质测定　参照瘦肉型猪综合标准中有关肉质专项标准进行测定。必须重视劣质肉(PSE 肉和 DFD 肉)的出现。

5. 繁殖性能测定　在育种猪场和繁殖猪场应重视繁殖性能测定并提供送测猪的同窝仔猪数、70 日龄育成数和窝重等。

(1)总产仔数　出生时同窝的仔猪总数，包括死胎、木乃伊胎和畸形猪在内。

(2)产活仔数　出生 24 小时内同窝存活的仔猪数，包括衰弱即将死亡的仔猪在内。

(3)21 日龄窝重　同窝存活仔猪到 21 日龄时的全窝重量，包括寄养进来的仔猪在内。

(4)断奶窝重　全窝仔猪在断奶时个体体重的总和。断奶窝重除以断奶仔猪数，为个体断奶平均重。断奶时同窝仔数的头数，包括寄入的在内，即为断奶时育成仔猪数。应注明断奶日龄。

(四)种猪等级评定标准

1. 单项评定

(1)生长肥育性能评定　根据平均日增重、饲料利用效率和活体膘厚进行评分(见表1-1)。各项评分比值为60、20和20。

表1-1　日增重、饲料利用效率和活体膘厚评分标准

项　目	一　级		二　级		三　级	
	测定值	分数	测定值	分数	测定值	分数
日增重(克)	850	54.0	800	46.0	750	38.0
饲料利用效率	2.6	18.0	2.8	15.0	3.0	12.0
活体膘厚(厘米)	1.6	18.0	2.0	15.0	2.4	12.0
得分		90.0		76.0		62.0

注：日增重每上下浮动10克，加、减1.6分；饲料利用效率每上下浮动0.1，加、减1.5分；活体膘厚每上下浮动0.1厘米，加、减0.75分。表中分数均为低限值，种猪特优个体评分可达100分以上

(2)产肉性能评定　根据胴体瘦肉率、膘厚和肌内脂肪含量进行评分(见表1-2)。各项评分比值为40、40和20。

表1-2　胴体瘦肉率、膘厚和肌内脂肪含量评分标准

项　目	一　级		二　级		三　级	
	测定值	分数	测定值	分数	测定值	分数
胴体瘦肉率(%)	64.0	36.0	62.0	30.0	60.0	24.0
胴体膘厚(厘米)	1.8	36.0	2.0	30.0	2.2	24.0
肌内脂肪含量(%)	2.5	18.0	2.0	16.0	1.5	14.0
得分		90.0		76.0		62.0

注：胴体瘦肉率每上下浮动1%，加、减3分；膘厚每上下浮动0.1厘米，加、减3分；肌内脂肪含量每上下浮动0.5%，加、减2分。表中分数均为低限值，种猪特优个体评分可达100分以上

(3)繁殖性能评定　根据送测猪同窝仔猪数、70日龄育成数和窝重进行评分(见表1-3)。各项评分比值为40、30和30。

表1-3　同窝仔猪数、60日龄育成数和窝重评分标准

项　目	一　级		二　级		三　级	
	测定值	分数	测定值	分数	测定值	分数
同窝仔猪头数	12	36	11	30	10	24
60日龄育成头数	10	27	9	23	8	19
60日龄窝重(千克)	160	27	140	23	120	19
得分		90		76		62

注:仔猪数每上下浮动1头,加、减6分;育成数每上下浮动1头,加、减4分;窝重每上下浮动10千克,加、减2分。表中分数均为低限值,种猪特优个体评分可达100分以上

2. 综合评定　根据受测猪的生长肥育性能、产肉性能和母本猪的繁殖性能进行种猪综合评分(见表1-4)。各项评分比值为40、30和30。最后得出受测猪的总评分。

表1-4　生长肥育性能、产肉性能和母本猪的繁殖性能综合评分标准

项　目	一　级	二　级	三　级
生长肥育性能	36.0	30.4	24.8
产肉性能	27.0	22.8	18.6
繁殖性能	27.0	22.8	18.6
总评分	90.0	76.0	62.0

注:表中分数均为低限值,种猪特优个体评分可达100分以上

二、育种值估计

种猪的遗传评估是选种的基础,而选种则是实现遗传改良最重要的育种措施。生产性能测定得到的仅是性状的表型值,它是由育种值和环境效应所构成的函数。如果所有测定猪处于完全相同的环境条件下,这样所得到的性能值便可直接比较。但就选种而言,还要对处在不同环境影响下的测定猪进行比较,因此在估计育种值时,应当尽可能地将环境影响剔除。种猪的种用价值涉及

各种性能指标，由于选种决策只能进行一次，所以，必须将单个性状的育种值纳入一个综合育种值。在选种时，除了依据个体本身的生产性能外，还需要考虑亲属的生产性能。尤其是当一个性状遗传力很低时，亲属的信息对于育种值的估计就十分重要了，例如，猪的繁殖力就属此类性状。总之，没有一个基础的育种值估计，而只凭主观评价是无法全面评定一头种猪的。

(一)育种值的概念

数量性状的表型值受遗传和环境共同影响。根据数量遗传理论，数量性状在遗传上受多个微效基因的控制，各个基因的效应是可加的，所有基因效应的累加值称为育种值(加性效应值)。除了育种值外，一个基因座位内不同等位基因之间以及不同座位之间还可能存在交互作用，这种互作效应的总和分别称为显性和上位离差，但这种互作与特定的基因型相联系，因此不能稳定地遗传给后代，只有育种值才能稳定遗传，所以育种值才是决定种畜遗传素质优劣的唯一指标。但是猪的育种值是无法直接度量的，除非某个性状的遗传力等于1，或者某个种猪有无穷个后代，而且人们可以完全又准确地取得后裔的成绩。显然这种极端的情况在养猪生产实践是无法实现的，我们只能根据猪本身或它的亲属、后裔的性状表型值，借助于统计方法来估计它的育种值。因此，畜禽的遗传评估的根本任务就是要尽可能地将影响性状表型值的各种环境因子及非加性遗传效应(显性和上位)剔除出来，以得到育种值的可靠估计。

一头种猪的性状表型值(P)中除了包括育种值(A)以外，还包括了显性效应(D)、上位效应(I)以及环境效应(E)的影响，可以表达为以下模式：

$P=A+D+I+E$

其中 $G=A+D+I$ 为基因型值。

就全群而言

$\Sigma G=\Sigma A+\Sigma D+\Sigma I$

其中后两项为0，因此，$\Sigma G=\Sigma A$。育种值又可称为加性基因型值或遗传值。

育种值的估计方法最初是分别采用个体本身成绩、祖先成绩、同胞成绩和后裔成绩进行。后来人们又采用了充分利用一切现有资料来估计育种值,计算出一个合并选择指数,即复合育种值。当进行多个性状选择时:采用综合选择指数法,计算出一个以货币为单位的综合育种值(total breeding value)。

(二)单性状的育种值估计

将个体单个性状不同信息来源(其中包括个体本身、祖先、同胞和后裔成绩)分别进行加权,合并为一个数值,它可以尽可能准确地反映个体的遗传素质,如果多个个体都利用这样的方法进行遗传评估时,可以根据其数值大小进行排队,作为选种的标准,上述这种经估算出来的数值称为选择指数(selection index)。

选择指数的方法是由 Smith(1936)首先应用于植物育种上的,以后 Hazel 和 Lush(1942)研究了选择指数的特征和优点。制定选择指数的原则是,通过对现有资料进行适当加权而计算出来的选择指数与真实育种值的相关系数最大,使选择指数与真实育种值的误差方差为最小,从而在其他选择条件不变时,可望获得最大的遗传进展。

据定义,选择指数的公式为:

$$I = \Sigma b_i (y_i - \mu_i)$$

式中:I 为个体一个性状的选择指数;

b_i 为与该个体有关的第 i 个信息来源的偏回归系数;

y_i 为第 i 个信息来源的表型均值;

μ_i 为该性状的总体均数。

(三)多性状的育种值估计

在猪的育种中,人们不仅希望单个性状得到改进,而更期望多个性状同时获得遗传进展。为此在选留种猪时常常进行多个性状的综合选择。由于各性状的单位变异幅度不同,需要将各性状的育种值或变为无单位的相对值,然后加在一起形成一个指数,或者根据各性状的经济重要性,对各性状育种值给予加权，最后综合为一个以货币为单位的指数，将之称为综合育种值。由于每个性状的真实育种值是无法得到的，因此，仍需要通过表型值加以估计，这样计算出的是综合育种值的估计值，又称综合选择指数。

所谓综合育种值，实际上并不代表动物的育种值，而是与育种值有最大相关的指数。该方法的优点在于，考虑了多个性状的遗传素质、经济重要性和市场需求。因此，它所反映出的个体种用价值是全面的，选择方法也简单，一次即可完成。

为了估计个体综合育种值，可依据各性状的表型值，建立一个综合选择指数，可将公式写成：

$$I=\sum w_i h_i^2 \frac{(P_i-\bar{P}_i)}{\bar{P}_i} \quad 或 \quad I=\sum w_i h_i^2 \frac{P_i}{\bar{P}_i}$$

式中：h_i^2 为性状 i 的遗传力；

P_i 为性状 i 的表型值；

$\bar{P}_i$ 为性状 i 的群体均值。

表 1-5 是猪主要性状的遗传力。

表 1-5　猪主要性状的遗传力

性　状	遗 传 力	性　状	遗 传 力
受精率	0.3	饲料转化率	0.3
产仔数	0.1	达 105 千克天数	0.25
初生窝重	0.3	背膘厚	0.5
21 天窝重	0.17	眼肌面积	0.45
断奶仔猪数	0.07	胴体长	0.55
断奶成活率	0.05	瘦肉率	0.48
发情间隔	0.35	24 小时 pH	0.21
精液质量	0.37	肉色	0.28
精子活力	0.17	滴水损失	0.16
日增重	0.3	嫩度	0.26

(四)BLUP 法估计育种值

1. BLUP 法的基本原理　BLUP 是由英文“最佳线性无偏预

测”(best linear unbiased prediction)取其字首字母组成。

BLUP 法的基本原理就是根据我们所掌握的遗传学知识和实际生产情况，将观察值表示为对其有影响的各遗传与环境因子之和，这个表达式被称为线性模型，由于模型中有些效应是固定效应，有些是随机效应，故称为线性混合模型。

2. BLUP 法的基本步骤

第一，根据现有的畜群生产情况和资料结构建立一线性混合模型，这个模型应尽可能地描述真实的情况，同时又不能过于复杂而使估计的精确性降低或计算过于困难。估计值的准确性和精确性完全取决于模型是否合理。

第二，根据这一模型构造线性方程组，即混合模型方程组，方程组中的方程个数等于模型中所有因子的所有水平之和。

第三，对方程组求解，计算出估计育种值(estimated breeding values，EBVs)和环境效应值。这需要借助于电脑来完成。

3. BLUP 育种值估计的主要优点 BLUP 是一个非常灵活的线性模型分析方法，它具有广泛的适应性，适于解决动物育种中各种情况的育种值估计。因此，它具有很大的实用价值，特别是在群体规模很大、群体结构复杂、获得的数据十分不平衡的情况下，可以获得比传统的育种值估计方法更为准确的估计育种值，因此可望获得较快的遗传进展。

BLUP 充分利用个体及其父母、同胞、后代等所有信息，提高了育种值估计的准确性。

BLUP 能消除环境因素造成的偏差，获得个体真实的育种值。运用 BLUP 法，育种值和环境效应可在一次计算中同步估计。由于育种值与环境效应不是随机分布的，若将两者分开估计会导致偏倚。而用 BLUP 法估计育种值可以避免这种偏倚。

BLUP 校正由于选配所造成的偏差，例如优良公猪配质量不同的母猪。

BLUP 考虑不同群体、不同世代的遗传差异。依靠群体间的遗传联系，比较群体内或群体间种猪的优劣。遗传联系的建立是通过人工授精站、性能测定站以及种猪的拍卖或销售。由于考虑了每年的遗传进展，决定了不同年龄组育种值之间的可比性，即不同世代的种猪能进行准确比较。这一点对于连续的育种工作，对于青年种猪与成年种猪的比较是非常重要的。

当利用个体的多次记录时，可将由于淘汰所造成的偏差降到最低。例如繁殖母猪淘汰的胎次不同。

BLUP 法提供了个体所有单个性状的估计育种值，然后在考虑性状间相关和性状的经济重要性的情况下，计算出综合育种值指数。这个结果就是选种选配的重要基础。如果每一个猪群（场）都计算出平均育种值，就可以得到一个按照遗传水平排队的猪群（场）排序，从而选出遗传水平最高的猪群（场）。如果将环境效应按猪场进行排队，则可以用之评定猪场的管理水平，也可以作为技术咨询时参考的依据。

（五）遗传评估软件介绍

1. PEST PEST 是由美国 Illinois 大学的 Groeneveld、Kovac 和 Wang（1990）开发研制的多性状遗传评估软件，其英文全名为 Multivariate Prediction and ESTimation，目前已在世界各国广泛应用。

该系统的基本特征是：①能够处理缺失值。②建立一些或全部性状的结构矩阵。③估计任何固定和随机效应。④处理任何协变量。⑤建立动物的血缘相关矩阵。⑥计算近交系数。⑦提供遗传组模型。⑧估计杂合误差方差。⑨估计育种值时可以利用旧的计算结果继续迭代求解，而不必重新计算。⑩使基础亲本的平均育种值为零。⑪固定及混合多变量模型的假设检验。⑫个体动物模型、公畜模型、公畜-母畜模型的 EBVs 计算。⑬估计 BLUP 的误差方差和 BLUE（最佳线性无偏估计）的标准误。⑭建立固定和随机效应的协方差矩阵。

根据性能测定和生产数据，PEST 提供了基于 30 多种数学模型的单性状或多性状 BLUP 育种值的计算，包括固定模型、个体动物模型、公畜模型、公畜-母畜模型等，以满足猪育种工作的需要。系统还提供了可自行定义性状、修改模型和设定参数的余地。PEST 可以在不同操作系统下运行。

2. GBS GBS 是“猪场生产管理与育种数据分析系统”的英文缩写，是中国农业大学动物科学技术学院 GBS 软件创作小组（系统指导：张勤、张沅，程序设计：王希斌、洪嵘）开发研制的系统软件。它集种猪、商品猪生产和育种数据的采集与分析于一体，十分适合于大型种猪生产集团使用，并支持联合育种方案。系统支持多种网络环境，用户也可以使用远程网与本系统进行通讯。为了适应现代选种方法新的技术，系统在育种值分析上用了多性状动物模型 BLUP 程序对育种测定数据进行分析。为适应不同企业发展和各种统计分析的要求，系统公开数据结构并提供多种与其他程序的数据转换接口。

GBS 主要功能如下。

（1）生产和育种数据的采集 采集生产过程中种猪配种、受胎、分娩和断奶数据；生长猪转群、销售、死淘和饲料消耗数据；种、肉猪的免疫和疾病情况；种猪生产性能测定数据等实际猪场在生产和育种过程中发生的各种数据信息。数据采集遵循简便、明了、准确的原则，系统可以自动对不合理的数据进行修正或提示。

（2）生产数据的分析 根据生产数据统计并分析猪场生产情况，提供周、月、季、年等各种生产、销售情况的统计报表；提供生产实际工作中从仔猪出生、断奶、转群、淘汰、销售、免疫、配种等各种生产指导信息；提供实际生产中从仔猪期到种用期各个生产阶段的生产状态分析。

（3）育种数据的分析 根据实际性能测定数据和生产数据，系统提供了基于 30 余种统计分析模型的遗传参数估计（测定性状遗传力、重复力、遗传相关等）、多性状 BLUP 育种值的计算和复合育种值（选择指数）等经典的和现代的育种数据分析方法，满足了国内外种猪育种工作的需要。对于高级用户（对现代育种原理有足够了解的用户），系统提供了可自行定义性状、修改模型、参数的余地。此外，系统还提供了从种猪性能排队到选留种猪近交情况分析等多达24种育种数据分析表，用户可直接使用于具体的育种工作中，并且还可根据个体育种值和个体间亲源系数情况提供种猪选配计划，使种猪育种工作变得十分的简便。

为了实际育种工作的方便，系统还提供了16种数据接口，用户可很方便地将本系统中的原始数据或分析结果转换成其他所需要的数据类型，便于用其他软件对数据进行多方面的加工处理。

(4)系统自维护功能　系统提供了数据自动压缩保存与恢复功能。解决了用户在使用中生产与育种数据的安全性问题。

(5)网络功能　本系统提供局域网与远程网的支持，对于没有网络的用户也可通过系统提供的虚拟网络功能完成数据传输功能。

(6)系统帮助　系统提供了详细的随时随地的、图文并茂的帮助系统。基本做到了只要会用简单的windows软件，就会用GBS系统。

第二节　体型外貌评分标准

一、体型外貌评分

外貌评定，也称外形评定、外形鉴定或外形选择，即直接根据体型外貌和外形结构对个体加以选留淘汰的选种方法，在我国有3 000多年的悠久历史。作为统一的有机体，猪的外形能反映其体质、功能、生产性能和健康状况，外貌可以反映品种或个体间差异及生长发育、健康状况和适应性，还可近似地反映生产能力。外貌评定的技术基础与现代数量遗传学中的性状相关理论相一致。

现代集约化养殖工艺和对生产性能的高强度选择使猪生长速度加快、瘦肉率提高，骨与腱的生长不同步，许多种猪出现了严重的肢蹄问题。对品种特征和肢蹄强健性等项目必须根据外貌评定来选择，故现代种猪育种仍需强调外貌评定。但外貌评定不能真实知道遗传素质，具有一定的局限性，只能作为一种辅助方法，要求选种人员有丰富的经验。

（一）猪的外形部位及其相关育种参数

1. 体型性状的遗传力 已经报道的一些体型性状的遗传力值见表1-6。由表1-6可知，各类性状遗传力的估计值由于生产系统和度量分类的不同，无法直接比较。在肢蹄性状中，系部的遗传力较高，其他性状一般为0.15左右，运动形态的遗传力较低，可能与记录的准确性差有关。

乳头数是最重要的体型性状，一般认为，乳头数具有中等遗传力，为0.3左右，变异范围0.32～0.55。在加拿大的一个研究中，长白猪乳头数的遗传力为0.39，大白猪为0.44。有效乳头数受遗传和环境的共同影响，遗传力一般略低于总乳头数，平均值为0.18左右。

表1-6 一些体型性状的遗传力估计值

性 状	遗传力变异范围	遗传力	性 状	遗传力变异范围	遗传力
前肢	0.04～0.32	0.18	后肢	0.04～0.21	0.13
从前视的前肢	0.06～0.47	0.27	从后视的后肢	0.08～0.47	0.27
前肢骨	0.06～0.47	0.27	后肢跗关节	0.01～0.23	0.12
前肢系部	0.31～0.48	0.40	后肢系部	0.07～0.30	0.19
前脚趾	0.04～0.21	0.13	后脚趾	0.09～0.13	0.16
背	0.15～0.22	0.19	运动	0.08～0.13	0.11

2. 体型性状与生产性状间的相关 研究表明，体型性状与主要生产性状间存在遗传相关。选择生产性能会影响体型性状，但相关的大小和方向应根据度量的方法判断。比较小的遗传相关可能表示强的非线性关系，对于大多数体型性状，由于高分、低分都不是所希望的，更有可能存在非线性关系。正相关不一定意味着生产性状的改进使体型性状也同时改进。如：前肢系部与ADG的相关为0.44，意味着前肢系部弯曲从深的角度（0分）到低角度变化（9分）与生长速度提高有关，然而，正常角度（4.5分）是最佳

的。故如果群体均数低于 4.5，生长速度提高会使体型得到改良；如果群体均数高于 4.5，体型性状的改良会降低生长速度。从表 1-6 也可看出，生产性状与一些前肢性状是正相关，而与后肢性状则为负相关。相关的正负和群体均数共同决定了选择生产性状导致的体型性状变化。然而，总体来说体型和生长速度间存在负的表型相关。除生产性状外，许多研究都表明，体长、体宽、蹄关节、系部和运动姿态等体型性状与使用年限间存在相关。使用年限与体型性状存在强相关，比较差的运动形态和直系都会降低使用年限，与一般的认为相反，卧系却对使用寿命有正面影响。

3. 体型性状的经济加权值 对各类体型性状的经济权重的研究较少，多数情况是根据体型性状与使用年限间的关系进行估计。因此，与使用年限密切相关的性状的经济加权值最高。对于体型性状的度量，建议用前肢和后肢评分来代替运动则记录更简单、准确。许多研究中只简单将运动分为好、坏两类，则不能进行准确的评估和利用遗传变异，故估计出的遗传力偏低。

(二)选种中对各部位的要求

一般将猪划分为头颈部、前躯、中躯和后躯四个部分。猪的外形特征因品种、地区和生产性能而不同。总体上讲，要求种猪结构匀称，身体各部位间结合良好而自然，体质强健，性征表现明显，符合种用要求(图 1-1，图 1-2)。

图 1-1 优秀体型结构：背线平直，肋骨开张、胸宽而深

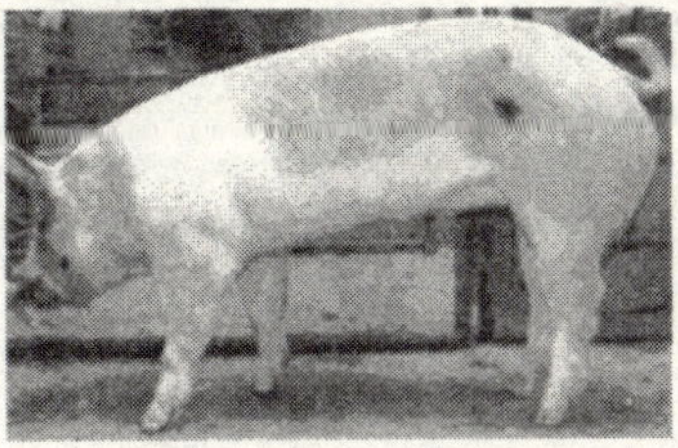

图 1-2 较差体型结构：背弓、斜尻、胸浅而窄

1. 头颈部 强调头颈结合以及与整个体躯的比例是否匀称。

头是表现品种特征最明显的部位，不同品种猪的头形状和大小均不同。我国地方猪种常以头形作为分类的一个重要标准。头的大小应与体躯相一致，头大身小表示幼年营养受阻，头过小表示体质细弱，头过大则屠宰率低，故头大小适中为宜。

虽然颈部是肉质最差的部位之一，但因为颈部与背腰是同源部位，颈部宽时，个体的背腰也就宽。故应该宽厚且较长，宜选择颈清秀的个体留作种用。颈与头及与躯干结合良好，看不出凹陷。公猪颈宜粗短，以示其雄性的特征，而母猪颈宜稍细长些，以示其母性的特征。除了以上对头部和颈部的总体要求外，还应该注重对鼻、嘴、眼、耳等部位特征的选择。

2. 前躯 注意颈肩和肩背结合情况，凹陷说明发育不良。要求肩部宽平，肩胛角度适中、丰满，与颈结合良好，平滑而不露痕迹。

耆甲要宽平，因为耆甲与背腰为同源部位。

胸部要宽、深和开阔。胸宽则胸部发达，内脏器官发育好，相关功能旺盛，食欲较强。

四肢要正直，长短适中、左右距离大、无“X”或“O”形等不正常肢势，行走时前后两肢在一条直线上，不宜左右摆动。前臂以平滑椭圆形为好，且粗端向前；腕不能臃肿；系部短而坚强、粗壮、稍许倾斜，过分倾斜或太长、卧系都是缺点；蹄的大小适中、形状一致，蹄壁角质坚滑、无裂纹（图 1-3）。

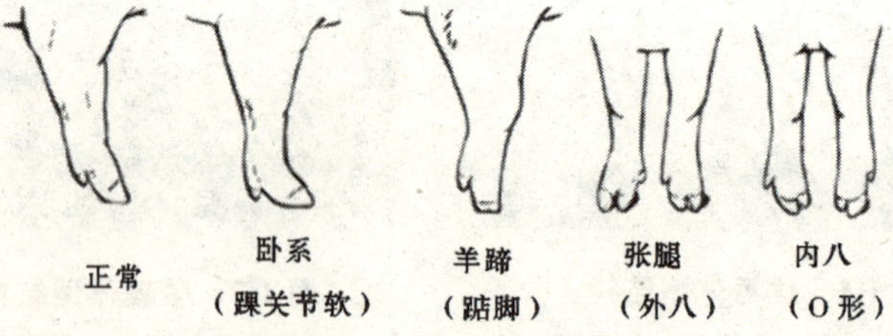

图 1-3 前腿标准

3. 中躯 中躯是产肉较多的部位，要注意各部位间的结合。

背部是生产优质肉的地方，要宽、平、直且长。背部窄、突起、凹背都不好。凹背是脊椎或体质软化的象征，表示邻近部位脊椎相连的韧带松弛，是一个重要的缺陷。但应注意，年龄较大的猪，特别是母猪，背部允许稍微凹陷。

腰部宜宽、平、直且强壮，长度适中，肌肉充实。

胸侧要宽平、强壮、长而深，外观平整、平滑。

肋骨开张而圆弓，外形无皱纹。皱纹多，是体质软弱和肌肉发育不良的外在表现。

腹部容积要大，不下垂，不卷缩。母猪腹部大小适中、结实而有弹性。腹过大而下垂则表明个体体质软弱，公猪腹下线宜平直，不能有吊腹和卷腹。

肷要平而充实，肷部凹陷，表明体质软弱。

有效乳头数不少于 12 个，无假乳头、瞎乳头、副乳头或凹乳头。乳头分布均匀，前后间隔稍远，左右间隔要宽，最后一对乳头要分开，以免哺乳时过于拥挤。乳头总体对称排列或平行排列，个别呈“T”字形排列。

4. 后躯 臀和大腿是最主要的产肉部位，总体要求宽广而丰满。

臀部要宽、长而平，可稍微倾斜，肌肉丰满。

臀部长表明大腿发育良好，臀部宽阔则后躯开阔。母猪臀部宽阔，表明骨盆发达，产仔较多，分娩容易。

后腿是经济价值最高的部位之一，要求厚、宽、长，肌肉丰满，到飞节上部没有凹陷，肌肉分布一直延续到飞节。大腿下部皮皱，表示体质软弱，早熟性差。后肢间要宽，腿要正直，飞节角度要小。不能出现曲飞节、软系、卧系或球突。

尾根要粗，向下渐小，末端卧一束毛，表示发育良好。如果整条尾部都粗，表示性情粗野。尾巴长短因品种不同而要求不同，一般不宜过飞节，超过飞节是晚熟的特征。

5. 外生殖器 外生殖器是种猪的主要性征，要求种猪外生殖器发育正常，性征表现良好。公猪睾丸要大小一致、外露、轮廓鲜明且对称。母猪阴户发育良好，外阴过小预示生殖器发育不好和内分泌功能不强，容易造成繁殖障碍。

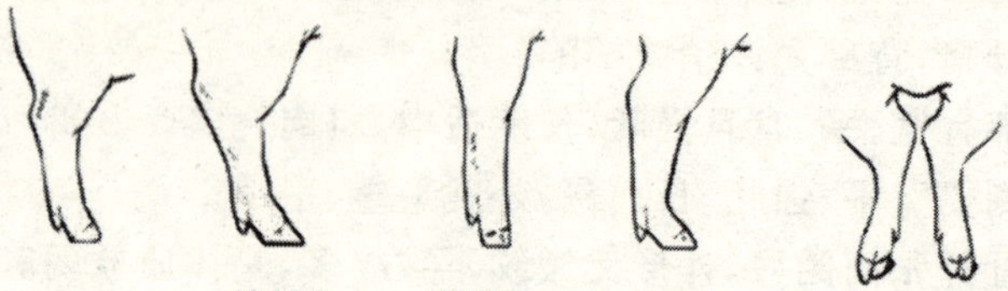

图 1-4 后腿标准

（三）猪的外貌

外貌评定时除要考虑各部位外形特点外，还应考虑猪的总体外貌特征。重点考虑皮肤、鬃毛、毛色和毛形等的特征。

皮肤要柔软、强韧、均匀光滑、富有弹性。皮肤松弛且皱褶，表示体质软弱。

鬃毛光泽而厚密，表示身体健康。鬃毛过少，表示体质软弱，抗病力差，特别不适于放牧饲养的环境条件。但炎热环境下猪鬃毛较少，是对环境适应的结果。

毛色既是品种特征之一，也是重要的个体特征，故在育种中备受关注。猪的毛色种类很多，通常可分为白、黑、褐、花斑四大类。毛色是由被毛中黑色素的种类和分布情况所决定。

（四）外貌评定方法与注意事项

外貌评定是根据品种特征和育种要求，对后备个体各部位进行外观评定的过程。评定时，人与被评定个体间保持一定距离，一般以 3 倍于猪体长的距离为宜。从正面、侧面和后面，进行一系列的观测和评定，再根据观测所得到的总体印象进行综合分析并评定优劣。评定时主要看个体体型是否与选育方向相符，体质是否结实，整体发育是否协调，品种特征是否典型，肢蹄是否健壮，有何重要特征以及一般精神表现。再令其走动，看其动作、步态以及有无跛行或其他遗传疾患。取得一个概括认识以后，再走近畜体，对各部位进行细致审查，分析优劣。为减少主观性，通常采用评分鉴定，即根据一系列评分表来评定优劣。

父系种猪：总体要求体型结构健全，肢蹄结构健全，骨骼发育好；个体及其亲属无遗传缺陷；外生殖器发育好。公猪乳头数 12 个以上，乳头间隔适中。四肢距离宽，行动自然，前肢及后肢弹性好，两蹄大小相等。

母系种猪：总体要求体格、外生殖器、乳腺健全。没有干扰正常繁殖功能的缺陷或缺点，尤其是乳腺和骨骼。外生殖器发育正常，至少有 6 对以上距离适当和功能健全的乳头。乳头凹陷或结疤的小母猪，不应留种。

二、体况评分

合理地对母猪体型进行评分，应该在其妊娠早期进行。在评分过程中，找准评分位置是至关重要的，一般选取肋骨、脊柱和臀部作为关键点，通过视觉和触摸来分辨脂肪和肌肉情况。将母猪体况分为 5 个评分标准，其中 3 分是最理想的体型。图 1-5 至图 1-9是分别以高视角和低视角观察母猪后部，给每种体况评分提供一个可视的参考。

若很容易看到或触摸到肋骨、臀部骨及脊柱。则母猪体况非常差，需要获得大量的肌肉和脂肪来继续保持生产力，应该大量增加其日粮以尽快改善体况。

若轻压可以触摸肋骨、臀部骨及脊柱。则在母猪分娩之前适当增加其日粮以改善体况。

若通过适当的压力可以触摸肋骨、臀部骨及脊柱，但看不到。则维持其营养需要，保持体况。

若肋骨、臀部及脊柱触摸不到，需要中度减料，超过其日粮需要会导致饲料浪费和增加粪便。

若肋骨、臀部及脊柱触摸不到，母猪脂肪过多。需要减料，直到拥有理想体况。5分体况的母猪常常会表现出食欲下降和哺乳期体弱多病。

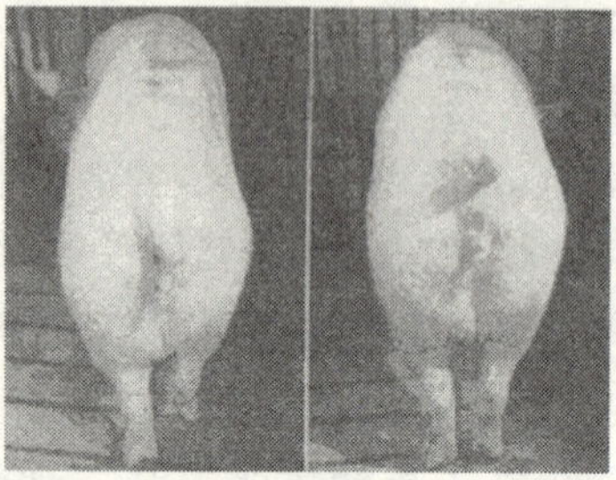

图 1-5　1分体况：非常的瘦，
背膘 10 毫米以下

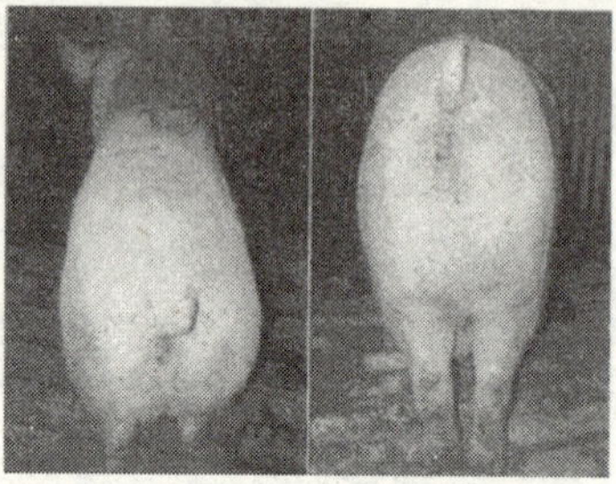

图 1-6　2分体况：中度的瘦，
背膘 10～15 毫米

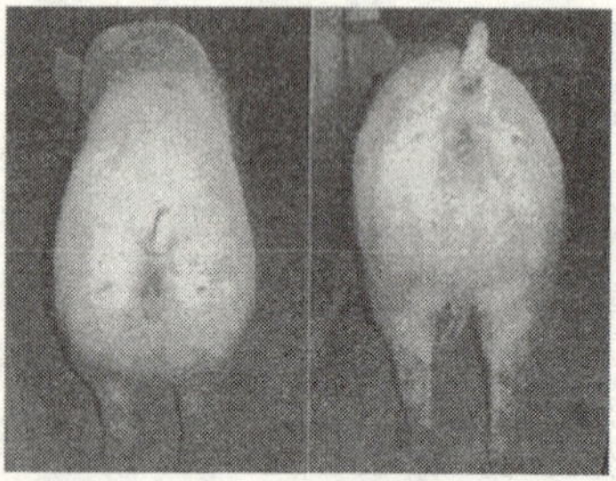

图 1-7　3分体况：理想体况，
背膘 15～22 毫米

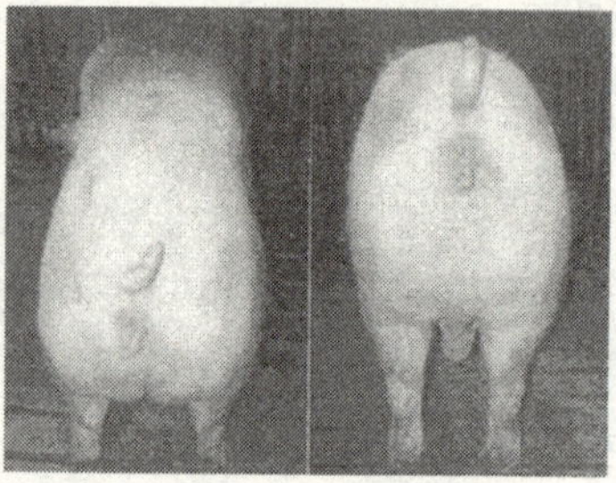

图 1-8　4分体况：中度的肥，
背膘 23～28 毫米

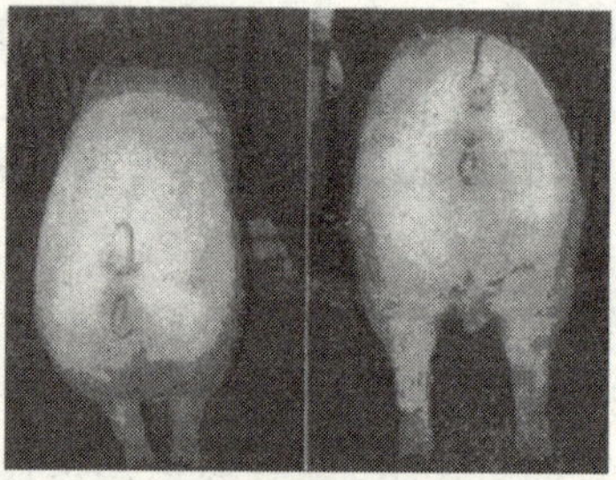

图 1-9　5分体况：过肥，
背膘＞30 毫米

第三节　发情鉴定、人工授精、繁殖管理技术参数

一、发情鉴定

发情鉴定主要是指对母猪发情状态的判定。母猪发情周期平均 21 天(19～23 天),大多数经产母猪一般在仔猪断奶后的 1 周内(3～7 天),可再次发情排卵,配种受胎。母猪发情周期可分为发情初期、发情中期、发情后期和休情期,母猪只有在发情时才允许公猪爬跨或称之为站立反应,此性行为表现可作为母猪适时输精或配种的指标。鉴定方法主要有观察母猪精神状态、外阴部是否充血和是否有黏液流出以及压背反应等。

1. 发情初期　母猪精神不安,食欲减少或不吃,叫鸣,外阴部微充血肿胀,四处游走、张望,喜爬其他猪,但不接受其他猪爬跨,特别在清晨表现更明显。持续时间 12～48 小时,持续时间多数为 24 小时。

2. 发情中期　母猪精神兴奋接受其他猪爬跨,食欲减少或停止。外阴部充血肿胀明显,阴道黏液光润透明。持续时间 6～36 小时。

3. 发情后期　母猪发情迟滞、喜卧,外阴部肿胀稍退,阴道黏膜充血稍减,由深红色变浅红色,阴道黏液变黏稠。持续时间 12～24 小时。

4. 休情期　母猪精神状态安定,食欲恢复正常。

二、人工授精

猪人工授精技术是以种猪的培育和商品猪的生产为目的而采用的最简单有效的方法,是进行科学养猪、实现养猪生产现代化的重要手段。它可以提高优良公猪的利用率,促进品种改良和提高商品猪质量及其整齐度;能克服体格大小的差别,充分利用杂种优

势；能够减少疾病的传播；可以克服时间和区域的差异，适时配种；节省人力、物力、财力，提高经济效益。但由于猪的人工授精工作不仅需要高水平的管理，而且技术要求高，从采精，精液检验、稀释、分装、保存、运输及输精是一环扣一环，无论哪一环节出现问题，都会影响到最后的受胎效果。

（一）公　猪

经种猪测定站或县以上畜牧行政主管部门审定及检疫，符合种公猪标准，发给合格证的公猪，方可作为种公猪使用。以下为种公猪标准：

滤精量 100 毫升以上。

精子活率 70％以上。

精液浓度 2 亿个/毫升以上。

公猪使用年限 10 月龄（下限）至 4 岁（上限）。

（二）公猪采精调教

后备公猪 7 月龄开始进行采精调教；对公猪按照四定（定时、定点、定人、定方法）原则进行训练，每天调教 1～2 次，每次调教时间不超过 15 分钟；一旦采精获得成功，坚持隔 1～2 天采精 1 次，连续3～5 次加强巩固该技术；采精调教可采用发情母猪诱导、观摩有经验公猪采精、以发情母猪分泌物刺激等方法；调教公猪要有耐心，不准打骂公猪；注意公猪和调教人员的安全。

（三）采　精

采精员一手戴双层手套，另一手持 37℃保温杯（内装 1 次性食品袋）用于收集精液。

饲养员将待采精的公猪赶至采精栏，用 0.1％高锰酸钾溶液清洗其腹部和包皮，再用温水（夏天用自来水）清洗干净，避免药物残留对精子的伤害。

采精员挤出公猪包皮积尿，按摩公猪包皮部，刺激其爬跨假台畜。公猪爬跨假台畜并逐步伸出阴茎时脱去外层手套，将公猪阴茎龟头导入空拳。用手（大拇指与龟头相反方向）紧握伸出的公猪阴茎螺旋状龟头，顺其向前冲力将阴茎的“S”状弯曲拉直，握紧阴茎龟头防止其旋转，公猪即可射精。

用4层纱布过滤收集浓份精液于保温杯内的一次性食品袋内，最初射出的少量精液含精子很少，可以不必接取，有些公猪分2～3个阶段将浓份精液射出，直到公猪射精完毕，射精过程历时5～7分钟。

采精员应注意安全，一旦公猪出现攻击行为，采精员应立刻逃至安全地带；下班之前彻底清洗采精栏；采精期间不准殴打公猪，防止出现性抑制。

采精频率，成年公猪每周2次，青年公猪(1岁左右)每周1次。最好固定每头公猪的采精频率。

(四)精液品质检查

1. 精液量、色泽、气味、pH 公猪的射精量，一般为100～300毫升，正常精液的色泽为乳白色或灰白色，略有腥味，精液pH为6.8～7.2。

2. 精子密度 精子密度是指每毫升精液中含有精子数的多少。

检查精子密度用精子密度仪或血球计数器计算。其中，精子密度仪根据说明书操作即可。血球计数器方法是用白细胞吸管吸取精液至刻度0.5处，再吸取3%氯化钠溶液至刻度101处，捏住吸管的两端充分振荡后，将吸管前部的滤体吹弃2～3滴，然后滴1小滴于计算玻板上盖玻片边缘，使其自行渗入计算室内，待液体稳定后，在400～600倍的显微镜下计数。观察计数时应数5个有代表性的中方格(计80个小方格)内的精子数，对头部压在方格四边线上的精子，只能计算两条边上的。每次要做2～3遍，求其平均值。最后将精子总数乘以10 000，就得每立方毫米精液中所含精子数，再将此数乘以1 000，便得每毫升精液的精子数。

3. 精子活力 精子活力是以直线前进运动的精子占总精子数的比率来确定的。一般采取"十级制评分法"进行评定。

精子活力测定方法是将精液滴在载玻片上，再盖上盖玻片，然后在35℃左右，显微镜下放大150～200倍，仔细观察精子活动情况。

精子活力等级评定：

1.0 级指有 100%精子呈直线式前进运动。

0.9 级指有 90%精子呈直线式前进运动。

0.8 级指有 80%精子呈直线式前进运动。

0.7 级指有 70%精子呈直线式前进运动。

0.6 级指有 60%精子呈直线式前进运动。

0.5 级指有 50%精子呈直线式前进运动。

鲜精活率要求不低于 0.7。

4. 精子畸形率的检查 畸形率是指异常精子的百分率。检查方法是将精液做成抹片，自然晾干，浸入 95%酒精，3 分钟后，取出用清水冲洗阴干，然后用美蓝或蓝墨水染色 3 分钟，用清水冲洗阴干，在 400～600 倍的显微镜下检查。一般每次要数 200 个以上的精子。一般要求畸形率不超过 18%。

公猪使用过频或高温环境会出现精子尾部带有原生质滴的畸形精子；畸形精子种类很多，如：巨型精子、短小精子、双头或双尾精子，顶体膨胀或脱落、精子头部残缺或与尾部分离、尾部变曲。要求每头公猪每 2 周检查 1 次精子畸形率。

(五)精液稀释

精液采集后应尽快稀释，原精贮存不超过 30 分钟。

未经品质检查或检查不合格(活力 0.7 以下)的精液不能稀释。

稀释液与精液要求等温稀释，两者温差不超过 1℃，即稀释液应加热至 33℃～37℃，以精液温度为标准，来调节稀释液的温度，绝不能反过来操作。

稀释时，将稀释液沿盛精液的杯壁缓慢加入到精液中，然后轻轻摇动或用消毒玻璃棒搅拌，使之混合均匀；如做高倍稀释时，应先进行低倍稀释(1∶1～2)，稍待片刻后再将余下的稀释液沿壁缓慢加入，以防造成“稀释打击”。

稀释倍数的确定：活力≥0.7 的精液，一般按每个输精剂量含

40 亿个总精子，输精量为 80～90 毫升，确定稀释倍数。例如：某头公猪一次采精量是 200 毫升，活力为 0.8，密度为 2 亿个/毫升，要求每个输精剂量是含 40 亿个精子，输精量为 80 毫升，则总精子数为 200 毫升×2 亿个/毫升＝400 亿个，输精头份为 400 亿÷40 亿＝10 份，加入稀释液的量为 10×80 毫升－200 毫升＝600 毫升。

稀释后要求静置片刻再做精子活力检查，如果稀释前后活力一样，即可进行分装与保存，如果活力下降，说明稀释液的配制或稀释操作有问题，不宜使用，并应查明原因加以改进。

（六）精液的分装、贮存、运输

1. 分装　精液稀释后，抽样检查活力，合格者才能分装。分装时，用量筒按剂量量取精液倒入容器，一般每头份 20 毫升。分装完后，即将容器密封，贴上标签。

2. 贮存　精液分装后，避光贮存，在温度 10℃～15℃条件下贮存。

3. 运输　用毛巾、棉花等包裹贮精容器，装入 10℃～15℃冰壶或泡沫箱等恒温器中运输，防止受热、震动和碰撞。

（七）输　精

1. 输精时机　母猪输精时机以发情后期为好，当按压母猪腰尻部，母猪表现很安定，两耳竖立或出现“静立反应”，此时是输精最佳时机。如用公猪试情，一般在母猪愿意接受公猪爬跨后的4～8 小时之内输精为宜。

2. 输精准备　输精场所应保持安静、清洁，输精器械必须严格消毒。用 0.1%高锰酸钾溶液将母猪的外阴消毒，再用消毒纱布或棉花檫净。

一次输精数量应按母猪的体重和精液质量来确定。每头每次输精量为 50～80 毫升，有效精子数 30 亿个以上。

3. 输精方法　在输精管前端涂上润滑液，将输精管向上呈 45°角插入母猪生殖道内，当感觉有阻力时，缓慢逆时针旋转，同时前后移动，直到感觉输精管被子宫锁定，确认输精部位。剪开输精瓶嘴接到输精管上，在瓶底扎一小孔，则精液沿输精管流入母猪生殖道内，输精时间3～10分钟，当输精瓶内精液排空后，放低输精瓶约15秒，观察精液是否倒流，如倒流应再次输精。输精时，最好将输精管左右轻微旋转，用右手食指按摩阴核，增加母猪快感，刺激阴道和子宫的收缩，避免精液外流。输完精后，把输精管向前或左右轻轻转动2分钟，然后轻轻拉出输精管。

4. 输精次数　一个发情期输精2次，第一次输精后隔8～12小时，再进行第二次输精。

（八）猪人工授精各项指标计算方法

1. 情期受胎率　指1年内（或配种期内），输精母猪情期总数中，实际受胎母猪数所占的百分率，即：

$$情期受胎率=\frac{受胎母猪数}{输精母猪总情期数}\times 100\%$$

2. 情期无返情率　指母猪输精后超过30天以上，不再发情的母猪所占的百分率，即：

$$情期无返情率=\frac{输精后30天以上不再发情母猪头数}{输精母猪数}\times 100\%$$

3. 总受胎率　指1年内（或配种期内）输精母猪总头数中，受胎母猪所占的百分率，即：

$$总受胎率=\frac{受胎母猪总头数}{输精母猪总头数}\times 100\%$$

4. 人工授精普及率　指人工授精母猪数占可繁殖母猪数的百分率，即：

$$人工授精普及率=\frac{人工授精母猪数}{可繁殖母猪数}\times 100\%$$

三、繁殖管理技术

猪具有较大的繁殖潜力，成年母猪每次发情可排卵20个左右，而实际繁殖力只有10个左右。母猪产仔数的多少除与品种、年龄、胎次有关外，繁殖管理水平的高低也是影响母猪繁殖潜力的重要因素。所以，提高种猪的繁殖管理水平，挖掘种猪的繁殖潜力，对于提高养猪的经济效益具有重要的意义。

（一）加强种公猪的管理

1. 种公猪的饲养 种公猪的种用价值是决定繁殖情况好坏的关键。生产中只有保证种公猪的营养、运动和配种平衡，才能保证其提供优质、足量的精液，为配种受胎打下基础。首先应做到满足其营养需要，成年公猪的日粮营养水平要求：消化能27.6千焦，粗蛋白质16%～18%，钙磷比例为1∶1～2∶1。同时适当添加一些必需氨基酸，保证铜、铁、锌等微量元素及维生素的有效含量。其次，饲料原料要多样化，达到营养互补。饲喂要定时定量，保证种公猪的繁殖体况，防止过肥或过瘦。第三，适量加喂生理酸性饲料，以提高精液品质，增加配种成功率。

2. 种公猪的管理 种公猪应保持身体强壮。在日常管理方面：一是加强运动，每天上、下午各运动1次，每次运动1小时，行程约2千米。二是运动时要注意避开严寒和烈日。三是要做到种猪的合理利用，一般1头成年公猪日配种1～2次，每周休息1天，配种完毕后即把公猪赶回原舍休息，配种后不能立即饮水、采食。

3. 注意营养、运动和配种三者之间的平衡 种公猪的营养、运动和配种三者既互相联系又互相制约。营养丰富，运动和配种不足则公猪过肥，配种能力降低，精液品质下降。反之，运动和配种过度而营养不足，则公猪消瘦，精子的质量下降，有效精子数减少，活力不足。因此，必须保持三者的平衡才能保证提供优质、量足的精液。

（二）加强母猪选育和管理

1. 后备母猪的选育 选择后备母猪除了体型和乳房发育良好，有效奶头数应在12个以上，还应考虑其亲本繁殖力的遗传基础，兼顾其父系和母系的指数，进行母猪繁殖力性状的选育和测定。

繁殖力性状主要有：每头母猪每胎的产活仔数、窝断奶数、21日龄窝重及年产仔胎数。繁殖力性状遗传力低，受环境因素影响大，重复力低，遗传进展小，测定时尽量降低母猪窝产仔之间的环境差异，使测定出来的差异具有遗传性质，从记录成绩中选留优秀母猪后代作后备猪，淘汰性能不良的家系与个体。

严格控制初配日龄和体重，实施重复配种，加强饲养管理，以最大限度发挥母猪的遗传力。

后备母猪一般采取小群饲养，饲喂含全价蛋白质和氨基酸平衡的饲料，为了让后备猪更好地生长发育，有条件的养猪场可加喂些优质的青绿饲料。育成猪每天不少于20分钟的公猪刺激，可获得较高的发情率和受胎率。

2. 空怀母猪的管理 空怀期母猪的膘情直接影响到排卵的质量。控制膘情措施：一是保证供给空怀母猪全面的营养物质，特别是蛋白质的供应，一般情况下，应保持日粮粗蛋白质含量12%～14%。若蛋白质供应不足或品质差，则卵细胞的正常发育会受到限制，排卵数减少，受胎率下降。二是满足矿物质和维生素的需要，特别是钙、维生素A和维生素D的供应，保持母猪适度的膘情和充沛的精力。空怀母猪七八成膘，容易怀胎且产仔多。对于体况较差的空怀母猪可在配种前进行“短期优饲”，即在配种前10～14天供给高能量饲料，以起到增加排卵数和提高卵子质量的作用。同时在母猪日粮中供应大量的青绿多汁饲料，保持良好的外界环境条件和猪体的清洁卫生，注意防暑降温和防寒工作。

3. 强化妊娠母猪的管理 母猪配种后不宜马上提高其营养水平，妊娠早期饲养水平过高会使胚胎存活率下降5%，尤其配种后的1～3天特别重要。母猪在断奶时、配种当天和配种后7天内给其注射200毫克β-胡萝卜素或5万单位维生素A棕榈酸盐，可显著增加初生仔猪的存活率。日粮中添加甲基吡啶铬可引起母猪的繁殖反应。据报道，每吨饲料中添加0.2克铬可使头胎母猪产仔总数和存活仔数分别提高22.92%、25.84%。配种后1个月内是胚胎死亡高峰期，因而此期饲料应全价、安全，日粮能量适当降低，减少应激，防止惊吓、相互打斗、猛烈驱赶等原因引起的机械性流产。临产前母猪不能喂得太饱，保证有充足、干净、清洁的饮水，必要时服用轻泻、利尿剂，以防止便秘和乳房炎。妊娠期母猪饲养管理的主要任务是保证胎儿在母体内得到正常的发育，防止流产，保持母猪中上等体况。妊娠后前3周适当加喂玉米、豆饼等精料，粗蛋白质含量13%～15%；3～12周，母猪消化能力增强，应保持中等营养水平，粗蛋白质含量11%～13%，可喂些青绿多汁饲料；12周以后胎儿发育迅速，需要大量营养，此时应供给多样化的饲料，以满足母仔的营养需要，粗蛋白质含量15%～18%；产前2周食欲不振，消化能力弱，应喂易消化的饲料，做到少量多餐。妊娠期过饲会引起泌乳期采食量降低。

妊娠后期的母猪应单独饲养，产房设备要适宜，卫生清洁，通风良好，仔猪产出前配备好保温设备，加强对仔猪护理，防止母猪压死仔猪。妊娠的前1个月保证母猪吃好睡好，少运动，1个月后，每天运动1～2小时，临产前让其自由运动。运动时忌急转弯，避免在光滑泥泞的路上运动，遇雨雪天或严寒天气时停止舍外运动，以免受冻或滑倒。严禁惊吓、鞭打、咬架等不良刺激。实行早期断奶，可提高母猪年产仔窝数，从而提高母猪年产仔总数。产前1周进分娩栏饲养，分娩栏应清洁卫生，设仔猪保温箱。

4. 哺乳母猪管理要点　一是保证泌乳期采食量。母猪在泌乳期采食不足会造成繁殖力下降，如产后发情及断奶时间延长、下胎窝产仔数降低，这在头胎母猪中较为普遍。妊娠期过饲常常会引起泌乳期采食量降低。

二是要满足哺乳母猪的赖氨酸和缬氨酸需要。在泌乳母猪日粮中供给充足的赖氨酸和蛋白质大有益处，可减少母猪体重下降，提高仔猪存活率和窝重。因为第一、第二胎母猪食欲较差，而且还处在生长发育阶段，此时母猪日粮赖氨酸含量应为1.2%～1.3%，以后各胎次为0.95%。此外，泌乳母猪日粮中缬氨酸含量常常不足，日粮中的缬氨酸与赖氨酸之比应达到1∶1.28。

(三)适时进行配种

1. 选择适当配种时机　母猪一般在发情后24～36小时排卵，卵子的受精时间仅8～12小时，而精子在母猪体内可存活10～20小时，适时配种才能保证精子、卵子在活力最强时结合，保证卵子全部受精，形成胚胎。适宜的配种时间是在母猪排卵前2～3小时或发情后19～30小时。在实际生产中还应根据母猪的年龄和品种灵活选择适宜的时机，"老配早，小配晚，不老不小配中间"，也即：胎次高的母猪在发情开始就要实施配种，而初配或青年母猪应在发情后期配种，属3胎左右经产母猪可在发情中期配种。这是生产实践中总结出的经验，有较好的参考价值。

2. 选择合理配种方式 配种的方式也是决定产仔数多少的重要一环。大量实践证明：重配（母猪在一个情期内用1头公猪间隔12～18小时配2次）、双重配（母猪在一个情期内用2头公猪间隔15～30分钟各配1次）和3次配种效果较好。养殖场（户）在实际生产中可根据条件和需要选择适宜方式达到增加产仔的目的。

3. 注意防止配种失败和配种出血 配种失败表现为，公猪不爬跨发情母猪及发情母猪不愿让公猪爬跨。主要原因是由于公猪年轻无交配经验、体肥、年龄大、热应激及阴茎创伤，后备母猪无交配经验，母猪断奶后子宫及产道、尿道发炎等。控制措施是让青年公猪观看成年且有经验公猪的配种过程。加强公猪管理，合理使用公猪。对生殖系统损伤有炎症的公、母猪用消毒药清洗，用抗生素对症治疗，然后进行配种。配种出血主要是公猪阴茎损伤和母猪产道损伤，一般用抗生素治疗就能很快恢复配种功能。

（四）猪群的淘汰和更新

种猪是猪群增殖的基础，是整个养猪生产的核心。种猪的质量直接影响着整个猪群的素质，如何合理地淘汰、更新种猪非常关键。由于种猪的使用是有年限的，自然交配时公猪一般不超过2年，母猪不超过8胎；采精公猪使用3～4年，母猪不超过8胎，而且种猪个体间生产性能差异很大。因此，只有实行科学、合理的种猪淘汰与更新制度，才能实现稳定或提高种猪的生产水平，达到提高猪场经济效益的目的。

以100头基础母猪为例，假定猪场分娩指数为2.3胎/年，则计算如下：

公猪：在自然交配条件下，一般公、母猪比例不应超过1：20，则100头基本母猪需公猪为100/20=5头。年更新头数为5/2=2.5头，即年更新2～3头。

母猪：按一个有效生命周期繁殖8胎，每头母猪年产2.3胎计算，则母猪平均使用年限为8/2.3=3.48≈3.5年。年淘汰率为1/3.5×100%=28.6%≈30%。有100头基础母猪的猪场年应淘汰、更新数为100×30%=30头，每月应淘汰与更新头数为30/12=2.5头。如果是大型猪场，还应算出每周淘汰、更新的头数。

1. 公猪群的淘汰原则 一般以利用年限为准进行淘汰，公猪年淘汰率40%～50%。但对体躯笨重、精液品质差、配种成绩不理想、性情凶暴的公猪也应及时淘汰。淘汰后的缺位，应随时用理想的后备猪补上。

2. 繁殖母猪群的淘汰原则 母猪群年龄结构，主要依据母猪的利用年限而定。一般母猪的繁殖高峰期为3～8胎。所以，母猪的使用年限为4～5岁，每年更新20%～30%，对生产能力较高的母猪可适当延长利用年限，对生产能力低的母猪可提早淘汰。猪群中，青壮年母猪应占基础母猪群的80%以上。

出现以下情况的母猪应及时淘汰：年龄和体重已达到配种标准，但继续饲养2～3个情期后不发情的后备母猪；断奶后60天确定不发情的母猪；连续返情3～4次的母猪；连续2胎产仔数少于6头或死胎和弱仔多或产仔不均匀的母猪；乳头少于6对、发育不正常、有翻奶头、瞎奶头或副乳头、泌乳力差的母猪；母性不好、有恶癖、哺育率低的母猪；采食缓慢、体躯过肥和过重、行动迟缓、皮肤无光泽、眼睛无神的母猪；产生畸形后代的母猪；患有疾病或伤残、年龄偏大、生产性能下降的母猪。

一般来说，种猪群要有既定的母猪淘汰方法，其各产次母猪的比例要保持稳定，1～8产次母猪的理想比例应大约分别为17%、16%、15%、14%、13%、11%、10%和低于4%。

(五)预防母猪发生繁殖性疾病

1. 母猪繁殖与呼吸道综合征(PRRS) 母猪繁殖与呼吸道综

合征已逐步遍及全球的主要养猪国家，对养猪业带来严重经济损失。受感染的种猪场母猪流产、早产、死胎率可达20%以上，新生仔猪和断奶母猪发病率可达80%，肥育猪的发病率高而死亡率低。由于PRRS病毒感染后可致免疫抑制，以及PRRS病毒感染致使肺中巨噬细胞数目减少，抵抗力降低而导致继发感染，建议采取防止继发感染和对症治疗的防治方法。同时也可考虑注射疫苗，临床上常用疫苗有灭活苗和弱毒苗两种，各场可根据实际情况确定是否打疫苗。

2. 猪伪狂犬病 猪伪狂犬病对养猪业危害很大，妊娠母猪可见流产、死胎，肥育猪可见呼吸困难，仔猪以神经症状为主，还伴有消化系统功能紊乱。免疫接种是预防和控制该病的主要措施，疫苗有弱毒苗和灭活苗可供选择使用。净化猪场伪狂犬病是防治该病最有效的方法，在使用基因缺失苗免疫接种的同时，使用鉴别试剂盒定期对种猪群进行监测，淘汰阳性猪，对后备母猪进行监测，阳性猪不能留作种用。

3. 细小病毒病 临床特征为被感染的母猪，特别是初产母猪产出死胎、畸形胎、木乃伊胎及弱仔，窝产仔数减少，偶有流产，而母猪本身却没有明显临床表现。疫苗免疫接种是控制该病的主要措施。初产母猪配种前1个月注射弱毒苗或灭活苗，保证其有足够抗体，以保护胎儿不受侵害，也可让后备母猪与老龄母猪混养，让其自然感染，以获得足够抗体。

4. 非典型猪瘟 通常认为是病猪先天性感染猪瘟强毒株所致。临床上症状和剖检变化不典型，发病率和死亡率都较低，母猪感染后表现为流产、胎儿木乃伊化、畸形、死胎、产弱仔或产出部分外表健康的带毒猪。用猪瘟苗进行免疫接种是控制猪瘟的主要措施，种猪群每年进行2次免疫接种，仔猪可采用20日龄、60日龄或超前免疫、60日龄2次免疫的方法。定期做好免疫监测工作，确保各阶段的猪群有足够保护力，同时也可根据免疫监测结果来制订本场合理的猪瘟免疫程序。

5. 猪日本乙型脑炎 临床表现为妊娠母猪流产、死胎、木乃伊胎，公猪表现为睾丸炎。给种猪群定期免疫接种是预防和控制该病的主要方法，种猪群在每年3～4月份接种弱毒苗，后备公、母猪于配种前1个月进行免疫接种。

第二章 猪营养需要与饲料配制技术参数

第一节 猪营养需要

一、猪的营养需要组成

猪的营养需要是指保证猪体健康和充分发挥其生产性能所需要的营养物质，可分为维持需要和生产需要。

(一)猪的维持需要

维持需要主要包括维持正常体温，保持正常生命活动，维持最低限度的身体活动，用于修补、更新受损组织等。维持需要最主要的营养是能量，其他营养维持需要相对较少，但也是必需的。维持需要所占的比例随猪的日龄或体重的增长而增加。

多种因素影响维持需要：①体重：体重是决定维持需要最重要的因素。维持需要并不是与体重呈简单正比例关系，而是与体重的 0.75 次方($BW^{0.75}$)，即与代谢体重呈正比例关系。②环境：温度、湿度、气流速度会影响维持需要。寒冷条件下猪为了保持体温，维持需要会增加。③活动：猪的活动也属于非生产性维持消耗。④应激：任何外界应激均能造成维持需要的增加。⑤健康：猪的健康水平极大地影响其维持消耗。

(二)猪的生产需要

猪的生产需要指猪用于生长、妊娠、泌乳的营养需要。生产需要是除维持需要以外，用于生产性产出的营养消耗。猪最主要的生产需要是生长需要，猪的日龄、品种、性别是影响生长需要的主要因素。繁殖需要也是猪生产需要的主要形式，繁殖需要主要是母猪胎儿、胎盘、乳腺生长、泌乳的需要。

1. 生长需要 生长猪是指断奶到体成熟阶段的猪。生长猪的营养供给是为充分发挥其生长优势，为产肉及以后的繁殖奠定基础。因此需要根据猪生长、肥育的规律，充分利用生长猪早期增重快的特点，供给营养价值完善的日粮。

2. 妊娠需要 妊娠母猪的营养需要，是根据母猪妊娠期间的生理变化特点来确定，其所需要的营养物质除维持本身需要外，还要满足胚胎生长发育和子宫、乳腺增长的需要。母猪在妊娠期对饲料营养物质的利用率明显高于空怀期，在低营养水平下尤为显著。妊娠母猪对能量和蛋白质的利用率，在高营养水平下，比空怀母猪分别提高 9.2％和 6.4％，而在低营养水平下则分别提高 18.1％和 12.9％。但是妊娠期间的营养水平过高或过低，都对母猪繁殖性能有影响，特别是过高的能量水平，对繁殖有害无益。

3. 泌乳需要 母猪在泌乳期间需要把很大一部分营养物质用于乳汁的合成，这部分营养物质需要量的基本依据是泌乳量和乳的营养成分。母猪的泌乳量在整个泌乳周期呈抛物线状变化。猪乳汁营养成分也随着泌乳阶段而变化。另外，母猪泌乳期间，泌乳量和乳汁营养成分的变化与仔猪生长发育规律也是相一致的。母猪泌乳变化和仔猪生长发育规律是合理提供泌乳母猪营养的依据。

4. 种公猪的营养需要 饲养种公猪的基本要求是保证种公猪健康、性欲旺盛、配种能力良好、精液的品质优良。主要根据公猪的体况、配种量确定种公猪的营养需要。

二、猪需要的营养

猪生长过程中需要的营养物质主要为能量、蛋白质、碳水化合物、矿物质、维生素等。

(一)能　量

能量是维持猪生命活动和生产的能量消耗，主要的能量饲料为玉米、小麦、高粱、油脂、乳清粉等。

(二)蛋白质

蛋白质和氨基酸的营养目前总发展方向是以理想蛋白质模式

和标准回肠可消化氨基酸作为蛋白质和氨基酸需要的指标进行科学的猪饲料配方设计。主要的蛋白质饲料为大豆饼(粕)、花生饼(粕)、棉籽饼(粕)、菜籽饼(粕)、鱼粉、血粉、肉骨粉和肉粉、饲用酵母、喷雾干燥血浆蛋白粉等。

(三)碳水化合物

碳水化合物是来源最广泛,而且在饲粮中占比例最大的营养物质,是猪主要的能量来源。在谷实类饲料中含可溶性单糖和双糖很少,主要是淀粉。淀粉在消化道内由淀粉酶分解成葡萄糖,吸收进入血液,在体内生物氧化供能。

(四)矿 物 质

矿物质包括常量元素和微量元素,在猪组织代谢中发挥重要作用。常用的矿物质饲料以补充钙、磷、钠、氯等常量元素为主,主要包括:食盐、含磷矿物质、含钙矿物质、含磷和钙的矿物质。现代猪品种生长快,生产性能高,对矿物质元素的需求也明显高于传统猪品种。矿物质元素是猪必需营养,但供给过量则有副作用,甚至会中毒、致死。矿物质元素之间存在着复杂的关系。已知的互作关系如下:①过量的钙影响磷的吸收,反过来过量的磷也影响钙的吸收利用。②过量的镁干扰钙的代谢。③过量锌干扰铜的代谢。④铜不足影响铁的吸收,过量铜抑制铁的吸收。

(五)维 生 素

维生素指动物生长、繁殖、健康和维持所必需的营养物质,维生素的生理功能可以形容为生命代谢活动的润滑剂,体内不能合成或合成量不能满足动物需要,而必须由饲料摄入的一类微量有机化合物。植物和微生物能合成各种维生素,所以猪通过采食植物性饲料便能获取其所需的维生素。植物组织,特别是新鲜青绿饲料维生素含量丰富。但植物性饲料在干燥、贮存、加工等过程中,维生素容易被破坏。因此,饲料原料维生素的含量极不稳定,变异很大。另外,现代猪品种生产性能非常高,而且处于集约化生产条件下,应激较大,对各种维生素的需求相对较高。因此,目前猪的日粮中均添加合成的维生素,以确保猪获得足够的维生素供应。

维生素一般分为两类：脂溶性维生素和水溶性维生素。脂溶性维生素包括维生素 A、维生素 D、维生素 E 和维生素 K。水溶性维生素包括硫胺素（B_1）、核黄素（B_2）、泛酸、胆碱、烟酸、维生素 B_6、维生素 B_{12}、生物素、叶酸、维生素 C。猪在维生素供给充足情况下，脂溶性维生素可以在体内贮存相当的量，当饲料短时间缺乏时不会出现缺乏症。而水溶性维生素在猪体内基本上不能贮存，因此应当从饲料中供给。一般认为，维生素 C 在猪的体内合成量足够需求。能接受阳光照射的条件下，猪也能合成足够的维生素 D。但在现代养猪生产中，猪一般见不到阳光，因此必须由饲料供给维生素 D。

（六）水

水是猪体内各器官、组织和产品的重要组成成分，猪体的 3/4 是水，初生仔猪的水含量最高，可达 90%，体内营养物质的输送、消化、吸收、转化、合成及粪便的排出，都需要水分。水还有调节体温的作用，也是治疗疾病与发挥药效的调节剂。

正常情况下，哺乳仔猪每千克体重每日需水量：第一周 200 毫升、第二周 150 毫升、第三周 120 毫升、第四周 110 毫升、第五至八周 100 毫升。生长肥育猪在用自动饲槽不限量采食、自动饮水器自由饮水条件下，10～22 周龄期间，水料比平均为 2.56∶1；非妊娠青年母猪每天饮水约 11.5 升，妊娠母猪增加到 20 升，哺乳母猪多于 20 升。

三、猪营养需要评价体系

（一）猪能量需要评价

饲料的能量包括总能、消化能、代谢能和净能。总能（GE）是指饲料中有机物质完全氧化燃烧生成二氧化碳、水和其他氧化物时释放的全部能量，主要为碳水化合物、粗蛋白质和粗脂肪能量的总和；消化能（DE）是饲料可消化养分所含的能量，即动物摄入饲料的总能与粪能之差，被广泛应用于猪日粮的配制；代谢能（ME）是指饲料消化能减去尿能及消化道可燃气体的能量后剩余的能量；真代谢能（TME）是指对内源能损失进行校正后的代谢能，它被广泛应用于家禽日粮的配制当中。在一个世纪前，德国科学家 Rubner 发现体增热之前，体增热被定义为“加速日粮的代谢以致提高动物的采食量”。实际上，体增热是指绝食动物在采食饲料后短时间内，体内产热高于绝食代谢产热的那部分热量。代谢能减去体增热即得净能（NE），也就是在动物体内沉积的那部分能量。

过去多年来一直采用消化能或代谢能作为猪饲料能量评价指标，而净能更能反映饲料真实能值，也更能准确地预测猪的生产性能。Feedstuffs（2007）常规饲料营养成分表仅列出了猪的代谢能值，但 NRC（1998）和法国农业科学院 2004 年出版的《饲料成分和营养价值表》中则提供了猪饲料的净能值，并且给出了许多精确率达到 90％以上的饲料原料净能含量估测方程。

净能体系的优点：①净能能准确反映养分能量在体内的利用过程，能保证准确满足动物的能量需要。②采用净能体系可降低日粮 DE、ME、CP 水平及饲料成本。③采用净能可以不考虑饲料种类和日粮类型。④净能是唯一能使动物能量需要与日粮能量值在同一基础上得以表达并与所含饲料组成成分无关的体系。

与消化能和代谢能体系相比，净能体系提供了最接近真实的可为动物的维持和生产利用的能量值。对饲料从营养和经济上进行分级有赖于采用的能量系统。从实践的观点来看，净能体系在预测生产性能和胴体品质上更具优越性。

（二）蛋白质、氨基酸需要评价

蛋白质的营养价值由其被动物吸收、利用的程度决定，动物蛋白质营养价值的评定沿用粗蛋白质（CP）、可消化粗蛋白质（DCP）和蛋白质的生物学价值（BV）三种方法至今。这三种评价方法对指导中等生产水平的动物饲养效果较好，然而随着生产水平的提高以及研究的深入，发现这三种方法均不能更准确评价蛋白质的营养价值。目前，蛋白质营养价值与组成蛋白质的小肽和氨基酸，以及氨基酸的种类、组成比例、氨基酸的消化吸收效率密切相关。以理想蛋白质模式和标准化回肠可消化氨基酸作为蛋白质需要进行科学的猪饲料配方设计，更加注重日粮中氨基酸平衡及其配比。

四、猪的饲养标准

(一)猪饲养标准的概念

饲养标准是指猪在一定生理生产阶段，为达到某一生产水平和效率，每头每日供给的各种营养物质的种类和数量或每千克饲粮各种营养物质含量或百分比。它加有安全系数(高于最低营养需要)，并附有相应饲料成分及营养价值表。

(二)猪饲养标准的作用

科学饲养标准的提出及其在生产实践中的正确运用，是迅速提高我国养猪生产和经济、合理利用饲料的依据，是保证生产、提高生产的重要技术措施，是科学技术用于实践的具体化，在生产实践中具有重要作用。合理的饲养标准是实际饲养工作的技术标准，它由国家的主管部门颁布，对生产具有指导作用，是指导猪群饲养的重要依据，它能促进实际饲养工作的标准化和科学化。饲养标准的用处主要是作为核计日粮及产品质量检验的依据。通过核计日粮这个基本环节，对饲料生产计划、饲养计划的拟制和审核起着重要作用。它是计划生产和组织生产以及发展配合饲料生产，提高配合饲料产品质量的依据。无数的生产实践和科学实践证明，饲养标准对于提高饲料利用效率和提高生产力有着极大的作用。

(三)国外的猪饲养标准

美国 NRC、英国 ARC 猪饲养标准，是世界上影响最大的猪饲养标准，已被很多国家和地区采用或借鉴。现在美国 NRC 标准已经更新出版到第十版(NRC 1998)。NRC(1998)为各个生产阶段的猪提供了营养需要的估计量。必须提出的是，这些推荐估测量没有考虑因猪品种不同、养分的可利用率和含量水平的差异或者维生素在加工和贮存过程中的损耗等对营养需要量的影响。因此正常的饲喂量应该比该标准要高一些，尤其是维生素和微量元素。

(四)中国猪的饲养标准

新中国成立前我国曾沿用德国 Kellner(凯尔纳)饲养标准和美国 Morrison (莫礼逊)的饲养标准。新中国成立后改用原苏联饲养标准,对我国影响较大,在我国流行很广。20 世纪 70 年代初又用美国 NRC 的"营养需要"。长期以来我国没有自己的饲养标准。1958 年以后,虽有个别单位制定了猪、马、奶牛的饲养标准,但这些标准仅在一些单位使用,都未经国家主管部门正式批准公布。1983 年我国正式制定了《肉脂型猪的饲养标准》。1987 年国家标准局正式颁布《瘦肉型生长肥育猪饲养标准》,2004 年国家又颁布了《猪饲养标准》(NY/T 65—2004)。

五、饲料营养价值表组成

饲料营养价值表主要是反映猪常用饲料原料营养价值,主要通过干物质含量、消化能、粗蛋白质、粗纤维、钙、磷、有效磷、赖氨酸、蛋氨酸、苏氨酸、异亮氨酸、精氨酸等指标进行评价。饲料营养价值表包括 10 个分表,分别为:饲料描述及常规成分、饲料中有效能值、饲料中氨基酸含量、矿物质及维生素含量、猪饲料氨基酸标准回肠消化率、鸡饲料氨基酸真消化率、常用矿物质饲料中矿物质元素含量、无机来源的微量元素和估测的生物学利用率、反刍动物饲料尼龙袋的瘤胃养分降解动力学参数、鸭饲料能值的参考值。

第二节　猪常用饲料营养价值

一、猪常用饲料

猪的常用饲料主要分为四类:能量饲料、蛋白质饲料、粗饲料、矿物质、维生素微量元素等营养性添加剂。

(一)能量饲料

能量饲料是全价配合饲料中占比重最大的一类原料,凡干物质中粗纤维含量在 18%以下,粗蛋白质含量在 20%以下,每千克含消化能在10.46兆焦以上的饲料均称为能量饲料，每千克含消化能12.55兆焦以上的称为高能饲料。能量饲料包括谷实类饲料，糠麸类、块根块茎及瓜果类、油脂等在养猪生产占有极其重要地位。其中用于猪饲料最主要的是谷物和糠麸类。谷物籽实类饲料水分含量低，一般为14%左右，干物质在80%以上；无氮浸出物含量高，通常占饲料干物质的66%～80%，其中主要是淀粉；粗纤维低，一般在10%以下；适口性好，与其他饲料相比，消化能含量及消化利用率较高，除燕麦之外，使用量不受限制。不足之处就是蛋白质含量低，而且赖氨酸、蛋氨酸和色氨酸的含量也很低。

1. 玉米 玉米是猪的主要饲料原料，是最重要的能量饲料，在我国是能量饲料的代表，其他能量饲料的价值和价格均以玉米为参照。玉米的可利用能量高，玉米的消化能达3 450千卡/千克(14.48兆焦/千克)。玉米的粗纤维含量很低，只有2%左右，而无氮浸出物含量达72%，主要是易于消化的淀粉，其消化率可达90%。玉米的粗脂肪含量3.5%～4.5%，比其他谷物都高。这些特点决定了玉米的可利用能量非常高。玉米含有较高的多不饱和脂肪酸，亚油酸含量达2%，所以猪日粮如果配入50%的玉米即可满足其必需脂肪酸的需要。

玉米的蛋白质含量偏低、质量较差。玉米平均含粗蛋白质8.6%，比其他谷物(除稻谷)都低。玉米蛋白质氨基酸也不平衡，普通玉米的赖氨酸和色氨酸含量非常低。玉米和豆粕搭配可在一定程度上弥补玉米氨基酸的不平衡，但一般还需添加合成赖氨酸。磨碎后的玉米粉，易于酸败变质，不宜长期保存。玉米贮藏过程中极易发生霉变，霉变后产生的黄曲霉毒性大，易使猪中毒，应引起高度重视，所以玉米入库水分北方地区应控制在14%以下，南方地区在梅雨季节应控制在12.5%～13.0%。

2. 小麦 小麦的能量含量稍低于玉米，代谢能含量3 200千卡/千克。小麦的粗蛋白质含量和质量高于玉米，粗蛋白质水平为13%左右，赖氨酸的含量较高，苏氨酸的含量较低。小麦的粗纤维含量高于玉米，粗脂肪含量低于玉米，分别为2.4%和1.8%。小麦所含碳水化合物主要是淀粉，但非淀粉多糖的含量比玉米多，非淀粉多糖可增加食糜的黏度，降低猪对营养物质的消化吸收。因此，如果猪日粮中配入较多的小麦，添加非淀粉多糖酶制剂是必要的。新收获小麦的饲养效果不及存放几个月的旧小麦，这可能是经过存储，部分非淀粉多糖被小麦的内源酶降解。当小麦的价格与玉米相当或比玉米便宜时，小麦可以代替 25%的玉米喂猪。山东省农业科学院畜牧兽医研究所于 2001 年在聊城燕华和齐河一棉厂研究了小麦替代部分玉米对母猪繁殖性能和商品瘦肉猪生长性能的影响，结果表明，小麦替代 30%～50%玉米饲喂母猪效果良好，小麦替代 30%玉米饲喂商品猪不影响其生长性能，在肥育后期，饲粮中配入适量小麦来代替玉米，猪胴体脂肪会更白，变硬，质量更好。

3. 高粱 高粱的籽实是重要的能量饲料，我国高粱种植面积和总产量在粮食作物中居第五位。高粱与其他谷实类相比，粗脂肪含量相对较高，有效能值仅次于玉米、小麦。主要成分为淀粉，粗纤维少，可消化养分高。但粗蛋白质含量和氨基酸组成与其他谷物相似，含量低、品质差，限制性氨基酸如赖氨酸、蛋氨酸、色氨酸含量低。常量元素和微量元素等含量均不能满足畜禽的营养需要。高粱的种皮含有较多的单宁(平均为 0.38%)，具有苦涩味，是一种抗营养因子，可阻碍能量和蛋白质等养分的利用，降低饲料的适口性。一般讲，高粱的颜色越深，单宁含量越高。如果日粮中配入高粱，提高日粮胆碱和蛋氨酸水平有利于降低单宁的不利影响。与玉米比，高粱含较低不饱和脂肪酸，在肥育后期代替玉米喂猪有利于改善胴体脂肪的品质。用高粱喂肉猪或种猪，和玉米没有什么差别，但高粱因为适口性差，在猪日粮中所占比例一般不超过 20%，亦需补充维生素 A 和蛋白质。

4. 大麦 大麦有皮大麦和米大麦两种。大麦在我国分布很广，长江流域为主要生产区。大麦是含蛋白质较多、含能量中等的饲料。大麦蛋白质和脂肪酸质量优良，缺乏赖氨酸和胡萝卜素，而且皮厚，含粗纤维较多。大麦是喂猪的好饲料，特别是喂肥育猪，能生产白色硬脂肪的优质猪肉。喂时需经粉碎，否则不易消化。大麦常被赤霉真菌感染，被感染的大麦不宜用来喂猪。在猪的日粮中最好不超过30%，对于幼龄猪最好不超过10%。

5. 小麦麸 小麦麸的适口性较好，且质地蓬松，具有轻泻的作用，是妊娠母猪后期和哺乳母猪的良好饲料。麦麸与玉米比，能量较低，蛋白质含量较高。无氮浸出物养分消化率、有效能则比谷实低。麦麸的钙、磷比谷实高，然而其必需氨基酸，尤其是赖氨酸、蛋氨酸仍不足。麦麸是B族维生素的良好来源，但缺乏胡萝卜素和维生素D。其微量元素含量比谷实高。麦麸的用量，在仔猪、生长猪日粮中一般占5%～15%；母猪日粮中占20%。

6. 乳清粉 乳清粉是奶酪生产的副产品，大部分由外国进口，一般分为高糖乳清粉和低糖乳清粉。普通的乳清粉含11%粗蛋白质、60%以上的乳糖。也有一些产品粗蛋白质含量3%～8%，乳糖含量70%以上。乳清粉有甜味，适口性好，消化率高，蛋白质质量高。乳清粉尤其适宜在仔猪饲料中添加，可增加适口性，提高日粮消化率，降低消化道pH。但在大猪日粮中添加过量可导致腹泻。乳清粉的吸湿能力很强，在添加到饲料中时要即开包装即混合，剩下的要密封。否则，乳清粉吸湿后结块，难以弄碎。

7. 油脂 油脂有植物油脂和动物油脂两类，在能量饲料中含可利用能量最高。一般而言，各种油脂在净能含量方面没有大的差别，植物性油脂熔点低，饱和脂肪酸含量少，不饱和脂肪酸含量高，易于消化吸收，而动物性油脂则相反。油脂的能量价值相当于玉米的2倍，但是油脂的营养价值完全体现在净能上，没有其他养分。油脂价格较高，在需要提高饲粮能量浓度时可以适当添加(例如仔猪和泌乳母猪饲粮)。添加油脂具有可降低饲料粉尘，提高饲料适口性，易于制粒等好处。油脂易氧化酸败，添加抗氧化剂，可提高油脂的稳定性。

(二)蛋白质饲料

蛋白质饲料可分为植物性蛋白质饲料、动物性蛋白质饲料和新蛋白质饲料。常用的植物性蛋白质饲料有大豆饼(粕)、棉籽饼

(粕)、花生饼(粕)及玉米蛋白等;动物性蛋白质饲料主要包括鱼粉、血粉、肉骨粉、喷雾干燥血浆蛋白粉等肉类和乳品加工副产品以及其他动物产品;新蛋白质饲料主要包括禽畜粪便、藻类、单细胞蛋白(SCP)、石油酵母、非蛋白氮(NPN)等。

1. 大豆饼(粕) 可分为大豆饼和大豆粕,是我国最常用的植物性蛋白质饲料。一般含粗蛋白质40%～46%,赖氨酸可达2.5%左右,色氨酸0.1%左右,蛋氨酸0.38%左右,胱氨酸0.25%;富含铁、锌,其总磷中约一半是植酸磷;含胡萝卜素少,仅为0.2～0.4毫克/千克。大豆中含有抗营养因子,如胰蛋白酶抑制因子、尿素酶、异黄酮等,大部分经热即可破坏。在仔猪料中未经处理的豆粕添加量一般不要超过20%,经膨化处理后可提高仔猪的适口性,消化吸收率大大增加,可有效降低因断奶引起的营养性腹泻。

2. 花生饼(粕) 带壳花生饼含粗纤维15%以上,饲用价值低。国内一般都去壳榨油,去壳花生饼含粗蛋白质40%～47%,消化能比较高,在12.5兆焦/千克以上,但其赖氨酸和蛋氨酸含量不足。花生饼本身虽无毒素,但储存易感染黄曲霉素,对猪有不良影响,因此贮藏时含水量一般不超过12%。花生饼是猪饲料中较好的蛋白源,猪喜食,但不宜多喂,一般不超过15%,否则猪体脂肪会变软,影响胴体品质。

3. 棉籽饼 棉籽饼是提取棉籽油后的副产品,一般含32%～38%粗蛋白质,去皮棉籽粕粗蛋白质达40%。产量仅次于豆饼粕,是一项重要的蛋白质资源。

棉籽饼与豆饼相比,其消化能约为豆饼的83.2%,粗蛋白质约为80%,其赖氨酸含量为1.48%,色氨酸0.47%,蛋氨酸0.54%,胱氨酸0.61%。胡萝卜素和维生素D含量较少,磷、铁和锌的含量丰富,但植酸磷含量也较高,为0.62%～0.67%,影响其他元素的吸收和利用。但是,一般棉籽仁中含有大量的色素、腺体,其中含有对动物有害的棉酚,棉籽油中含有环丙烯,也是一种有害物质。棉籽粕中游离棉酚含量0.4%以上,猪对棉籽饼中蛋白质的消化率达 80%左右，消化能为 10.88～12.56 兆焦/千克。所以，乳猪、仔猪及母猪不能用棉籽饼，但在生长猪和肥育猪日粮中添加 4%～6%为宜。

4. 菜籽饼(粕) 油菜是我国主要油料作物之一，其产量占世界第二位。菜籽饼粕是油菜籽提取油脂后的副产品。菜籽饼粕中粗蛋白质含量为 31%～40%，赖氨酸含量为 1.0%～1.8%，色氨酸为0.3%～0.5%，蛋氨酸可达 0.5%～0.9%，稍高于豆饼与棉籽饼等。硒、铁、锰、锌含量较高，但含铜量较低。菜籽饼粕含毒素较高，具有苦涩味，影响适口性和蛋白质的利用效果，阻碍猪的生长，因此，未去毒菜籽饼粕的喂量必须控制。一般乳猪、仔猪最好不用，生长猪、肥育猪和母猪日粮中添加 4%～8%，不会影响增重和产仔，不会发生中毒。

5. 鱼粉 鱼粉是优质的蛋白质饲料，不仅蛋白质含量多，而且赖氨酸、含硫氨基酸和色氨酸等必需氨基酸含量均很丰富。鱼粉含粗蛋白质 55%～75%，而国产鱼粉粗蛋白质含量为 40%～50%，一般质量不稳定，而且粗脂肪和盐的含量偏高，很易酸败变质。鱼粉水分含量不能超过 10%，如果超过 15%，不宜长期储存，且易发霉。鱼粉中脂肪含量不能超过 10%，如果大于此值储存时会自然发热而酸败。在猪的饲料中，特别是仔猪饲料添加适量鱼粉，即能改善日粮结构，平衡日粮，能提高猪的日增重，提高养猪效益。高品质的鱼粉添加量可达 10%，一般情况下不要超过 5%。

6. 血粉 血粉是牲畜屠宰的鲜血经过加工而成，其蛋白质含量在 80%以上，是优质的蛋白质饲料，另外还富含矿物质铁等。我国血粉资源丰富，而且呈上长的趋势，以四川为最多，其次是山东、湖南、江苏等省。采用高温、压榨、干燥制成的血粉，溶解性差、消化率低；而采用低温、喷雾干燥法制成的血粉或者经过二次发酵的血粉，溶解性好，消化率也高。血粉赖氨酸含量高，在 7%以上，但不同的加工形式消化吸收率差别很大。在猪的日粮中添加 3%～5%血粉，配合豆饼(粕)，外加氨基酸，也能获得好的效果。

7. 肉骨粉和肉粉 是不能用作食品的畜禽尸体及多种废弃

物，经高温、高压灭菌处理后脱脂干燥制成。含骨量大于10%的称肉骨粉，一般肉骨粉含粗蛋白质35%～40%，并含有一定量的钙、磷和维生素 B_{12}。肉粉的粗蛋白质含量为50%～60%，因原料不同和加工方法不同，其营养成分有所变化。肉骨粉和肉粉蛋氨酸和色氨酸含量较鱼粉少。因此，饲喂猪时，能与鱼粉搭配或补充所缺氨基酸，可提高饲料利用率。新鲜肉粉和肉骨粉色黄，有香味，发黑而有臭味的不应饲用。

8. 喷雾干燥血浆蛋白粉(SDPP)　是近几年来开发的适宜早期断奶仔猪消化生理的一种新型高蛋白饲料资源。SDPP对早期断奶仔猪而言，是一种比脱脂奶粉、乳清粉和全脂奶粉更好的蛋白源，该产品粗蛋白质高达78%左右，赖氨酸约为7%，其他各种氨基酸含量丰富且均衡，蛋白质和氨基酸消化率在90%以上。该产品含有免疫球蛋白和生物活性肽，可有效提高仔猪被动免疫水平和消化吸收率。但该产品价格昂贵，在一定程度上影响广泛的应用。

另外还有血球粉，在早期断奶仔猪日粮中可添加2%～3%，5%～6%的全脂奶粉代替SDPP的应用。此外猪毛水解粉，含粗蛋白质45%，蹄类的资源也比较丰富，含蛋白质也较高，制革下脚料、羽毛粉、蚕蛹等。随着畜牧业的快速发展，我国饲料原料供需矛盾越来越突出，蛋白质饲料缺口越来越大，为了解决蛋白质饲料的不足，今后需要进一步对动物性下脚料资源进行开发利用。

9. 饲用酵母　酵母是真菌的一种，饲用酵母含粗蛋白质40%～50%，蛋白质的生物学价值介于动物蛋白质与植物蛋白质之间，赖氨酸含量高。饲料酵母主要是猪饲粮蛋白质和维生素的添加成分，以改善氨基酸的组成，补充B族维生素，提高饲粮的利用率。但饲料酵母具有苦味，适口性差，在猪饲粮配比中一般不超过5%。另外还有石油酵母、藻类用作饲料，蛋白质含量丰富，今后应进一步开发利用。

(三)粗饲料

粗饲料消化率低，可利用营养少，猪的消化道特点决定了其可利用的粗饲料有限，主要有苜蓿草粉、花生秧粉、甘薯秧粉、青干草粉、牧草、谷物下脚料、麦秆、稻草、高粱秆、青刈饲料、青贮饲料等草类及豆类植物。

1. 苜蓿草粉 苜蓿草粉的营养价值相当于玉米的62%，青刈苜蓿经日光干燥脱水、粉碎制成。苜蓿的刈割期影响草粉的营养价值，刈割越早蛋白质含量越高。喂猪的苜蓿草粉应在现花初期之前刈割。好的苜蓿草粉含17%的粗蛋白质，消化能为4 410千卡/千克(1.05兆焦/千克)。苜蓿草粉富含胡萝卜素、维生素D，适口性好，促进肠道蠕动，有防止便秘和消化道溃疡的作用，在种猪、妊娠母猪、后备猪日粮中添加一些效果很好，但添加量不宜太多。目前已有商品苜蓿草粉出售，价格高于玉米价格62%，大量使用是不经济的。

2. 花生秧粉 粉碎的花生秧含粗蛋白质12%左右，消化能200千卡/千克(0.84兆焦/千克)。花生秧粉可以在妊娠母猪饲料中添加适当的比例，尤其是在冬天。

3. 甘薯秧粉 甘薯秧粉含粗蛋白质7%左右，消化能269.05千卡/千克(1.13兆焦/千克)。甘薯秧粉适宜在妊娠母猪日粮中适当添加。

4. 青干草粉 优质的青干草粉含消化能338.09千卡/千克(1.42兆焦/千克)，粗蛋白质15%左右。可适当地添加到妊娠母猪饲粮中。

(四)矿物质饲料

矿物质饲料是补充矿物质需要的饲料，常用的矿物质饲料以补充钙、磷、钠、氯等常量元素为主，主要有食盐、含磷矿物质，含钙矿物质，含磷、钙的矿物质饲料。

1. 食盐 猪饲粮是以植物性饲料为主，而植物性饲料中含钠和氯较少，含钾丰富。为满足猪对钠、氯的需要，应在日粮中补充0.3%左右的食盐，以提高饲料的适口性，增强食欲。

2. 含磷矿物质饲料 在猪饲料生产中，钙和磷利用很广泛，绝大多数的谷类饲料中钙的含量低，磷以植酸磷的形式存在不能利用，添加植酸酶不仅可以减少 30%左右磷酸氢钙的添加量，有时可以显著提高平均日增重和饲料利用率。只含磷的矿物质饲料在生产实践中使用不多，当猪饲粮钙的比例过高或钙、磷饲料缺乏时，用其来补充磷的含量和平衡钙、磷比例。常用补磷的矿物质有磷酸二氢钠（NaH_2PO_4）。因此，以钠的磷酸盐补磷则改变饲料中钠的比例，在生产中应予注意。

3. 含钙矿物质饲料　含钙的矿物质饲料主要有石粉、贝壳粉、蛋壳粉等。石粉主要指石灰石粉，为天然的碳酸钙，含钙 34%～38%，是使用最广泛、价格最为低廉的钙来源；贝壳粉主要成分为碳酸钙，含钙 33%～38%，成本较为低廉，也是使用比较广泛的补钙饲料。

4. 含钙、磷矿物质饲料　既含钙又含磷的矿物质饲料，在生产中使用较为广泛，通常与含钙的饲料共同配合使用，使饲粮钙、磷比例合理。这类矿物质饲料有骨粉、磷酸氢钙、磷酸钙、过磷酸钙等。

（五）营养性添加剂

营养性添加剂是平衡猪日粮的营养，添加的种类和数量取决于基础日粮的状况和猪的营养状况。正常情况下，要根据猪的不同生长阶段、生产目标，按照饲养标准确定添加剂的种类和数量。

1. 氨基酸添加剂　主要包括蛋氨酸、赖氨酸、色氨酸和苏氨酸。

（1）蛋氨酸　我国的蛋白质饲料绝大多数是植物蛋白质饲料，缺乏蛋氨酸，如果能添加适量的蛋氨酸，对提高饲料利用率和猪只生长有促进作用。通常在饲料中添加的是人工合成的 DL 型蛋氨酸，人工合成的 DL 型蛋氨酸与天然存在的 L 型蛋氨酸效价相等。添加原则是只补足饲粮中蛋氨酸的不足部分。蛋氨酸和胱氨酸都是含硫氨基酸，猪的需要量常用蛋氨酸＋胱氨酸来表示。饲料级 DL-蛋氨酸国家标准 GB/T 17810—2009。

（2）赖氨酸　赖氨酸是猪饲料中第一限制氨基酸。一般动物性蛋白质饲料和豆饼（粕）中富含赖氨酸，其余饲料中含量较低。

国家标准 GB 8245－87 饲料级 L-赖氨酸盐酸盐，为白色或淡褐色粉末，无味或微有特殊气味，易溶于水。在缺乏动物性蛋白质饲料和豆饼(粕)饲料日粮中必须添加赖氨酸，以提高养猪效益。

(3)色氨酸　也属于最易缺乏的限制性氨基酸。具有典型特有气味，为无色或微黄色晶体，溶于水。玉米、肉粉、肉骨粉中色氨酸含量较低，仅能满足猪需要量的 60%～70%，在日粮中应补充色氨酸，但在大豆饼(粕)中含量较高。饲料级 L-色氨酸国家标准 GB/T 25735—2010。

(4)苏氨酸　是一种必需氨基酸，也是幼猪生长阶段的限制性氨基酸，为无色或微黄色晶体，溶于水，具有极弱的特别气味。通过 6 周龄断奶仔猪试验，在低苏氨酸型日粮中，添加苏氨酸水平达到 0.66%～0.67%，可在无鱼粉、豆饼(粕)的条件下，也能获得较好的生产效果。饲料级 L-苏氨酸国家标准 GB/T 21979—2008。

2. 小肽营养　小肽营养是近期研究的热点。据报道，在猪日粮中添加少量小肽，可显著提高猪的生产性能及饲料利用率。

3. 维生素添加剂　猪对维生素的需要量极少，但其作用极为显著。在集约化饲养条件下，采食高能量、高蛋白质的配合饲料，猪的生产性能高，对维生素需要量比正常需要量大 1 倍左右。大多数维生素都不在猪体内合成，或合成速度太慢、太少，必须向饲料中添加多种维生素。常用的维生素有维生素 A、维生素 D、维生素 E、维生素 B_1、维生素 B_2、烟酸、泛酸、维生素 B_{12}、氯化胆碱、维生素 C。一般应用复合维生素添加剂添加于猪日粮中，维生素饲料的保存、加工、成品保存需要严格的温度和加工工艺。使用单项维生素，会因搅拌不均，造成中毒和维生素损失。

二、猪日粮分类及其定义

(一)日　粮

日粮是指满足一头动物一昼夜所需各种营养物质而采食的各种饲料总量称为日粮。日粮中各种营养物质的种类、数量及相互比例符合畜禽的营养需要，这种日粮称为平衡日粮。

(二)饲　粮

按日粮要求的营养成分比例配制的大量配合饲料称为饲粮，饲粮需按日分顿喂给。

(三)配合饲料

配合饲料是指根据猪的不同生长阶段、不同生理要求、不同生产用途的营养需要以及以饲料营养价值评定的实验和研究为基础，按科学配方把不同来源的饲料，依一定比例均匀混合，并按规定的工艺流程生产，以满足各种实际需求的混合饲料。它能直接用于饲喂饲养对象，能全面满足饲喂对象的营养需要。主要包括能量饲料、蛋白质饲料和矿物质等营养物质。

(四)浓缩饲料

浓缩饲料是由添加剂预混料、常量矿物质饲料和蛋白质饲料按一定比例混合而成的饲料。一般与之搭配的能量饲料是玉米、麦麸等。浓缩饲料与一定比例的能量饲料相混合后，才能成为全价配合饲料或精料混合料，供直接饲喂家畜。浓缩饲料可占全价配合饲料的5%～50%，配比的幅度很大。因为浓缩饲料可以包括全部的蛋白质饲料，也可以只含部分蛋白质饲料，或部分能量饲料。因此，它所要求的基本饲料有时仅是能量饲料，有时还有蛋白质饲料。

(五)预混饲料

预混饲料是添加剂预混合饲料的简称，它是将一种或多种微量组分(包括各种微量矿物质元素、各种维生素、合成氨基酸、某些药物等添加剂)与稀释剂或载体按要求配比，均匀混合后制成的中间型配合饲料产品。预混饲料是全价配合饲料的一种重要组分。

第三节　猪日粮配制

一、猪日粮配制原则

猪的日粮配制首先是根据猪对各种营养物质的需要量，即“饲养标准”，和猪常用饲料的营养成分及营养价值表，结合当地饲料资源来进行。

首先应选用适宜的饲养标准和饲料成分表。可以参照使用我国已有的饲养标准和饲料成分及营养价值表。也可用地区标准，国内没有标准的猪种亦可参考国外提供的标准，并通过饲养实践中猪群的生长发育及生产性能等反映酌情修正，灵活使用。

营养水平要适宜。因猪生长快，瘦肉率高，要求营养水平较高，配制猪饲粮时，要使各营养达到平衡，其中要特别注意必需氨基酸的平衡，才能收到良好的效果。

要注意猪的采食量与饲料体积大小的关系，若配料体积过大，猪往往吃不完，若体积过小，则又吃不饱。

控制饲料粗纤维含量。乳仔猪日粮中不超过4%，生长肥育猪不超过6%，种猪不超过8%，否则影响猪对饲料的利用率。

要考虑饲料的适口性，适口性好的饲料多用些，差的少用些。

严禁使用发霉变质、有毒性的饲料。配料时既要考虑用户心理和生产实际，又要提高产品档次，既要降低生产成本，又要注重生产水平和经济效益。

要求饲料原料多样化，做到多种饲料合理搭配，以发挥营养物质互补作用，提高饲粮的利用率和营养需要。

在配料中既要注意主要饲料的消化率，又要注意各种饲料在饲粮中的一般用量限制因素，配制高品质，低成本的优质日粮。

二、猪日粮配制方法

日粮的配制方法有许多种，如方块法、联立方程式法、矩阵法、试差法、电子计算机法(程序法)。现以试差法为例说明饲粮配制方法。

试差法又叫试差平衡法。该方法是先按所选饲养标准规定，根据饲料营养价值表，用选用的饲料原料进行拟配，计算其中的各种营养成分，然后与饲养标准比较，对过多和不足的营养成分进行调整，直至最后完全满足营养需要量为止。具体步骤如下：①查出饲养标准，列出猪的营养物质需要量。②确定选用饲料原料，查饲料营养成分及营养价值表，列出饲料原料的营养成分含量。③初步拟定各种饲料的大致比例，计算拟定配方的营养物质含量。④将计算结果与饲养标准比较，调整用量比例，直至拟定配方的营养物质含量与饲养标准接近为止。

试差法的手工计算比较繁琐。下面举例说明试差法的具体步骤。

需配制仔猪(体重10～20千克)阶段全价日粮配方。现有饲料原料有：玉米、豆粕、麸皮、鱼粉、骨粉、食盐和预混物。

第一步：确定仔猪饲料标准，如下：

消化能	13.85兆焦/千克
粗蛋白质	19%
钙	0.64%
总磷	1.54%
赖氨酸	0.90%
蛋氨酸＋胱氨酸	0.59%

第二步：查猪的饲料成分及营养价值表(略)。

第三步：拟配日粮、初步确定各种风干饲料在配方中重量百分比，计算拟配日粮营养成分含量，并与饲养标准比较。表2-1。

表2-1　消化能和粗蛋白质的需要量比较

饲料种类	拟配比例(%)	消化能含量(兆焦/千克)	粗蛋白质含量(%)
玉　米	60	14.477×0.60=8.68	8.4×0.60=5.04
豆粕	30	13.3×0.30=3.99	43×0.30=12.90
鱼粉	3	14.0×0.03=0.42	60.50.03=1.82
麸皮	4.2	12.0×0.042=0.504	14.5×0.042=0.61
骨粉	1.5		
食盐	0.3		

续表 2-1

饲料种类	拟配比例(%)	消化能含量(兆焦/千克)	粗蛋白质含量(%)
预混物	1		
合计	100	13.59	20.37
饲养标准		13.85	19
与饲养标准比较		−0.261	+1.37

由表 2-1 可见,消化能比标准略低,粗蛋白质高于饲养标准。要减少粗蛋白质含量,增加能量含量,需要减少豆粕、增加玉米比例,蛋白质比标准高出 1.37(20.37−19),如果用玉米进行调整,那么每千克玉米含粗蛋白质量 8.4%,每千克豆粕含粗蛋白质量 43%,调整粗蛋白质 0.346(43%−8.4%),因此,所增加玉米量为 1.37÷0.346=3.96,用等量玉米代替等量的豆粕,调整日粮配合比例见表 2-2。

表 2-2 调整后营养成分计算结果 (%)

饲料种类	配比	消化能(兆焦/千克)	粗蛋白质	钙	磷	赖氨酸	蛋氨酸+胱氨酸
玉米	64	9.26	5.37	0.0256	0.134	0.1728	0.208
豆粕	26	3.45	11.18	0.083	0.161	0.0197	0.02
鱼粉	3	0.42	1.82	0.138	0.0645	0.66	0.3016
麸皮	4.2	0.72	0.61	0.007	0.032	0.109	0.057
骨粉	1.5	—	—	0.45	0.195		—
食盐	0.3	—	—	—	—	—	—
预混物	1	—	—	—	—	—	—
合计	100	13.85	18.98	0.7	0.59	0.66	0.58
饲养标准		13.85	19	0.64	0.54	0.9	0.51
与标准比较		0	−0.02	+0.06	+0.05	+0.06	+0.07

从表 2-2 看出,钙、磷含量基本与饲养标准相近,不需要调整。

猪需要10种必需氨基酸，计算起来比较麻烦，有些氨基酸通过饲料可以满足需要。因此，在实际饲养中注意赖氨酸和蛋氨酸+胱氨酸的需要量。从表2-2可见，拟定配方赖氨酸和蛋氨酸+胱氨酸含量达到仔猪营养需要量，不需要额外添加。

第四节　添加剂预混料的配制

添加剂预混合饲料简称预混料，是将一种或多种微量组分(包括各种微量矿物元素、各种维生素、合成氨基酸、某些药物、抗氧化剂等)与稀释剂或载体按配比，均匀混合后制成的中间型配合饲料产品，是全价配合饲料的一种重要组分。

一、添加剂载体或稀释剂

载体是一种可以承载微量添加剂活性成分的物料。载体是非活性的饲用原料，能将活性物质黏附或镶嵌于自身，通过混合，使活性物质的颗粒加大，从而使活性物质能均匀地混合。载体分为有机载体和无机载体，有机载体包括小麦粉、次粉、小麦麸、玉米麸、脱脂米糠、淀粉、大豆粕粉、玉米蛋白粉等，其中脱脂米糠、小麦麸、玉米蛋白粉、豆粕粉多用作维生素预混料的载体，而淀粉多用于制作单项维生素添加剂、药物添加剂等；无机载体包括碳酸氢钙、磷酸氢钙、硅酸盐、麦饭石粉、食盐和沸石粉等，无机载体用于制作单项或复合微量元素添加剂。

稀释剂是把添加剂中活性成分稀释到一定浓度，将活性成分颗粒彼此隔开，减少活性成分之间的反应，以增加活性成分稳定性的物料。稀释剂不具备承载性能，但必须是动物可食用、无害的物料，含水量应在10%以下。常用的稀释剂有去胚的玉米粉、葡萄糖、大豆粉、粗小麦粉、磷酸氢钙、石灰石粉、贝壳粉、食盐等。

二、维生素预混料的配制

(一)维生素预混料配方设计

维生素在全价料中添加量极少，仅占万分之几，各单项维生素添加量更少。在生产全价料时逐个称量很不方便，而且单项维生素在全价料中很难搅拌均匀。因此需制备成维生素添加剂预混料，供生产上应用。

维生素添加剂预混料的配方设计较复杂，依据饲养标准、研究成果和生产检验而确定。饲料中维生素的添加量应考虑下面几种因素：①维生素的稳定性。维生素 A 和维生素 D 制剂较易失活，常用饲料原料中易缺乏维生素 A 和维生素 D。维生素 A 和维生素 D 添加量要比最低需要量高出 5～10 倍。②常用饲料原料中维生素 B_1、维生素 B_6 和生物素含量较丰富，为降低复合维生素的成本，该三者的添加量可比需要量降低一些。③氧化胆碱呈碱性，与其他维生素添加剂配合时，会影响它们的效价，一般单独添加。④饲料原料中的维生素含量可作为一个安全量，忽略不计。

(二)维生素预混料的配制方法

各种添加剂原料的容重、外观色泽、粒度及含量等需符合国家标准要求，要注意生产日期、有效期，有条件的要测定成分含量。维生素预混料的载体一般为玉米芯细粉、玉米蛋白粉、小麦次粉等，粒度要求 100％小于 1 毫米，90％小于 0.8 毫米，60％小于 0.5 毫米，水分含量低于 8％。

用量少的维生素 D、维生素 K、维生素 B_1、维生素 B_2、维生素 B_6、维生素 B_{12} 等需先在鼓式混合机中预混合，然后在卧式混合机中先加入一半载体，再按数量由少到多的次序投入各种维生素原料，最后加入另一半载体，搅拌 15 分钟。

(三)使用维生素饲料添加剂的注意事项

维生素是日粮中一类很重要的成分，猪对它的需要量极少，可是在机体内的作用极大，缺乏任何一种，都会引起病症。尤其是规模化、集约化饲养，加上生产水平的提高，对维生素的需要量增加。使用维生素添加剂时应注意以下几个问题：①饲养标准的建议量作为最小需要量，根据实际情况进行调整。②各种维生素的稳定性不同，长期保存效价降低，因此在使用时应注意生产时间和保质期。③目前市场上出售的维生素有多种，有单项的，更多的是复合的，使用时应注意其含量，按说明书使用。④一次购买不要太多，购回后要妥善保存。一般维生素添加剂的贮存条件为容器密封、避光、防湿，温度在20℃以下。⑤某些矿物质元素、光线、温度、饲料原料等都会影响维生素的生物活性，所以在配制饲料时，维生素添加剂预混料保存3个月以内。

三、微量元素预混料的配制

(一)微量元素预混料的配方设计

微量元素预混料配方的设计较维生素预混料设计简单。一般以饲养标准提供的需要量为参数，不考虑饲料原料中的含量。配制微量元素预混料应考虑以下问题：①关于微量元素化合物的选择，铜、铁、锰、锌一般选用硫酸盐较好，不但价格便宜，而且畜禽对其利用率较氧化物高。②为保证微量元素预混料的含水量不超标，最好选用含1个结晶水的硫酸盐，对于铜，宜选用5个或7个结晶水的硫酸盐。③确定所用微量元素的原料元素含量。④确定微量元素的添加量。⑤计算各微量元素化合物的用量。

(二)微量元素预混料的配制方法

各种化合物原料的容重、外观色泽、粒度及含量等符合国家标准要求，配制前需测定有效成分含量。微量元素预混剂的载体一般为石粉、轻质碳酸钙、磷酸氢钙或沸石粉等，也可是2种以上的混合物。粒度要求100%小于1毫米，90%小于0.8毫米，60%小于0.5毫米。水分含量低于5%。石粉中加入1%的植物油，进行预处理可消除静电。配制投料顺序为在卧式混合机中先加入一半载体，再按微量元素用量由少到多的次序投入，最后加入另一半载体，搅拌15分钟。

四、氯化胆碱的使用方法

氯化胆碱是低分子有机化合物，一般有70%氯化胆碱水溶液和50%氯化胆碱粉剂两种。作为饲料添加剂，一般使用的是后者。粉剂外观为白色或黄褐色干燥的流动性粉末或颗粒，具有吸湿性，有特殊臭味。

氯化胆碱有两个特点：一是它的吸湿性强；二是它本身虽很稳定，但对其他添加剂活性成分的破坏性很大，对维生素A、维生素D、维生素K、泛酸钙等都有破坏作用。因此，维生素添加剂预混料中不加入氯化胆碱，在使用时再加。

五、氨基酸添加剂的使用方法

经常使用的氨基酸添加剂有赖氨酸和蛋氨酸两种，在使用麦类为主的饲粮或者低蛋白饲粮时，需要添加苏氨酸和色氨酸。

由于猪饲粮中赖氨酸、蛋氨酸常不能满足需要，如果不予添加，会影响猪的生长和繁殖，特别是仔猪料和生长肥育猪料，需额外添加。添加的办法是根据猪饲养标准所规定的氨基酸需要与基础日粮中氨基酸的实际含量，计算出不足部分进行补充。具体方法如下（以赖氨酸为例）：

第一步：根据配合饲料的组成，计算出基础日粮中赖氨酸的含量。

第二步：根据赖氨酸产品的纯度和猪对赖氨酸的需要量进行运算。

例如：配制仔猪全价料1 000千克，基础饲粮中赖氨酸含量为0.85%，饲养标准要求赖氨酸的需要量为1.16%，计算需添加纯度为98.5%的L-赖氨酸盐酸盐多少。

赖氨酸添加剂含79%的赖氨酸，所以需添加赖氨酸盐酸盐：(1.16%－0.85%)×1000千克/0.79/0.985＝3.98千克。

第三步：将赖氨酸添加剂称好后，混于一定量的次粉或者玉米粉（混入次粉的量为饲粮的1%左右），先将赖氨酸与次粉等搅拌均匀，再混合到配合饲料里面，以保证混合均匀。

使用氨基酸添加剂时应注意产品说明及有效成分含量。一次未用完的，需扎紧袋口，保存在干燥、避光、低温、通风良好的库房内，切勿受潮。

第五节 猪日粮饲喂效果评价

猪日粮饲喂效果评价方法是检验日粮配比、营养浓度是否适宜及日粮适口性和消化吸收程度最有效的方法。猪日粮饲喂效果评价主要从以下 4 个方面进行：日粮养分消化利用率、猪生产性能、胴体品质和猪的精神面貌、行为和排泄情况。

一、日粮养分消化利用率测定

对饲料化学成分的分析只能说明饲料中各种养分的含量，而不能表明它们被动物消化利用的程度，通过消化试验可计算出每日每种养分的消化量和消化率。消化率是指饲料养分的可消化养分占饲料中该养分总量的百分比，也称为表观消化率，现在普遍采用表观消化率评定饲料的消化性能。

(一)消化试验

消化试验一般包括体内消化试验、体外(离体)消化试验和尼龙袋法。体内消化试验包括全收粪法、指示剂法、间接法、回肠末端瘘管法。猪需要在定制的消化试验笼中进行消化试验，收集粪、尿进行测定，并计算消化率。全收粪法工作量大，而且收集样品也较为繁琐，为了简化收粪手段，采用饲料中所含的不被动物消化吸收的二氧化硅作为内源指示剂或三氧化二铬作为外源指示剂来测定饲料养分的消化率。由于经过小肠消化吸收后的食糜在大肠中受微生物的作用使粪便中的某些成分发生改变，测得的消化率误差较大，尤其是氨基酸和维生素等，通过在回肠末端安装瘘管的方法便可收集小肠消化吸收后的食糜，以便准确测定养分的消化率，即为回肠末端瘘管法。尼龙袋测定猪饲料原料的消化率具有测定速度快、测定成本低、所需待测样品量小等优点，而且经过十多年的改进，该技术不断地被完善，已经具有推广应用的价值。体外消化试验是模拟动物消化道的环境，在体外进行饲料的消化试验，一般有消化道消化液法和人工消化液法，适用于测定饲料干物质消化率和表观消化能。

(二)代谢试验

代谢试验是在消化试验的基础上增加收集尿和气体的装置，利用动物采食和排除的营养物质之差来测定动物体内成分变化的一种试验方法，可测定饲料养分(水分、蛋白质、脂肪、矿物质、维生素等)的利用率，也可测定动物体内营养物质的增减水平。

代谢试验包括屠宰试验、物质平衡试验、能量平衡试验。物质平衡试验，主要是通过测定动物体内碳、氮元素的沉积情况，反映饲料粗蛋白质、粗脂肪的利用率，尤其是氮平衡试验主要用于研究猪的蛋白质需要、饲料中蛋白质利用率、饲料蛋白质质量，在评价饲料蛋白质的生物学价值中应用广泛，也是动物机体蛋白质需要量的必要研究手段。

二、猪生产性能测定

通过饲养试验，即给予猪已知营养物质含量的日粮或饲料，观察测定试验动物的生产性能，根据生产性能测定值评价日粮的饲喂效果。猪生产性能测定指标一般包括繁殖性能测定、生长性能测定、公猪精液品质评定。

繁殖性能测定指标一般有窝产仔数、窝产活仔数、初生窝重、初生个体重、21 和 28 日龄窝重、21 和 28 日龄个体重、断奶成活率、断奶仔猪数，以及母猪初情期、配种率、分娩率和发情间隔等。

生长性能测定指标一般包括日增重、料重比、日采食量、100 千克体重背膘、100 千克体重日龄等。

公猪精液品质评价指标包括精液量、密度、活力、色泽、气味等。

三、猪胴体品质评定

通过屠宰对比试验测定猪胴体品质评价日粮的饲喂效果。

猪胴体品质包括胴体组成和肌肉品质两部分，胴体组成评价指标有屠宰前活重、胴体重、屠宰率、瘦肉率、腿臀比例、背膘厚、眼肌面积等。

肉品质评价指标一般包括肉色、大理石纹评分、系水力(滴水损失、失水率)、pH,以及肌肉营养成分含量,如蛋白质、氨基酸、脂肪、脂肪酸、肌苷酸等。

四、猪的精神面貌、行为和排泄情况

在饲养试验的基础上观察猪的被毛是否光滑、肤色是否红润、精神是否正常,采食和排泄情况是否正常,有无腹泻或便秘情况发生,由此评价日粮的饲喂效果。

第三章 猪饲养环境参数

随着我国养猪业突飞猛进的发展，饲养模式发生了根本变化，由过去的以农户散养为主，发展为规模化、集约化的养殖方式为主。集约化、工厂化养殖场的建成，一方面提高了养殖效率，降低了生产成本，为稳定国内猪肉市场供应做出了显著贡献；另一方面，规模化养殖产生的粪便、污水也带来了一系列环境问题。畜牧场对环境的污染包括粉尘、噪声和粪污，其中粪污处理利用不当会对大气、水源和土壤造成严重的污染。随着经济和社会的发展，人们从重视产品的数量逐渐向重视产品的质量、安全与环境友好相结合转变。在新的形势下，国家组织专家对猪场的饲养环境参数做出了相应的规定，并制定有关的国家标准，GB/T17824.3－2008 规定猪场的环境参数及环境管理，内容包括：畜禽场饮用水标准，饲料卫生标准，病害动物处理标准，规模猪场建设标准，畜禽养殖场污染物排放标准。

第一节 猪的饮用水和饲料标准

一、畜禽场饮用水标准

2001 年我国公布了畜禽场饮用水的标准，NY 5027－2001，该标准规定了生产无公害畜禽产品养殖过程中畜禽饮用水水质要求和配套的检测方法，该标准适于集约化畜禽场、畜禽养殖区和放牧区的畜禽饮用水水质要求。对水中的农药残留与检测方法做出了明确的规定（表 3-1）。

表 3-1　畜禽饮用水农药限量指标　（毫克/升）

项　目	限　值
马拉硫磷	0.25
内吸磷	0.03
甲基对硫磷	0.02
对硫磷	0.003
乐果	0.08
林丹	0.004
百菌清	0.01
甲萘威	0.05
2,4-D	0.1

畜禽饮用水水质标准见表 3-2。

表 3-2　畜禽饮用水水质要求

项　目			标准值	
			畜	禽
感官性状及一般化学指标	色(°)	≤	色度不超过 30°	
	浑浊度(°)	≤	不超过 20°	
	臭和味	≤	不得有异臭、异味	
	肉眼可见物	≤	不得含有	
	总硬度(以 $CaCO_3$ 计)(毫克/升)	≤	1500	
	pH		5.5～9.0	6.4～8.0
	溶解性总固体(毫克/升)	≤	4000	2000
	氯化物(以 Cl^- 计)(毫克/升)	≤	1000	250
	硫酸盐(以 SO_4^{2-} 计)(毫克/升)	≤	500	250
细菌学指标	总大肠菌群(个/100 毫升)	≤	成年畜 10,幼畜和禽 1	

续表 3-2

<table>
<tr><th colspan="2" rowspan="2">项　目</th><th colspan="2">标准值</th></tr>
<tr><th>畜</th><th>禽</th></tr>
<tr><td rowspan="8">毒理学指标</td><td>氟化物(以 F^- 计)(毫克/升) ≤</td><td>2.0</td><td>2.0</td></tr>
<tr><td>氰化物(毫克/升) ≤</td><td>0.2</td><td>0.05</td></tr>
<tr><td>总砷(毫克/升) ≤</td><td>0.2</td><td>0.2</td></tr>
<tr><td>总汞(毫克/升) ≤</td><td>0.01</td><td>0.001</td></tr>
<tr><td>铅(毫克/升) ≤</td><td>0.1</td><td>0.1</td></tr>
<tr><td>铬(六价)(毫克/升) ≤</td><td>0.1</td><td>0.05</td></tr>
<tr><td>镉(毫克/升) ≤</td><td>0.05</td><td>0.01</td></tr>
<tr><td>硝酸盐(以 N 计)(毫克/升) ≤</td><td>30</td><td>30</td></tr>
</table>

二、饲料卫生标准

2001 年我国对饲料卫生要求提出了标准，该标准规定了饲料、饲料添加剂产品中有害物质及微生物的允许量，并规定了各项指标的检测方法，该规定对猪场饲料生产意义重大。

饲料、饲料添加剂的卫生标准 GB 13078—2001 见表 3-3。

表 3-3　饲料、饲料添加剂卫生指标

<table>
<tr><th>序号</th><th>卫生指标项目</th><th>产品名称</th><th>指　标</th><th>试验方法</th><th>备　注</th></tr>
<tr><td rowspan="5">1</td><td rowspan="5">铅(以 Pb 计)的允许量(每千克产品中)(毫克)</td><td>生猪配合饲料</td><td>≤5</td><td rowspan="5">GB/T 13080</td><td rowspan="2">以在配合饲料中 20%的添加量计</td></tr>
<tr><td>仔猪、生长肥育猪浓缩饲料</td><td>≤13</td></tr>
<tr><td>骨粉、肉骨粉、鱼粉、石粉</td><td>≤10</td><td rowspan="2"></td></tr>
<tr><td>磷酸盐</td><td>≤30</td></tr>
<tr><td>仔猪、生长肥育猪复合预混合饲料</td><td>≤40</td><td>以在配合饲料中 1%的添加量计</td></tr>
</table>

表 3-3　饲料、饲料添加剂卫生指标

序号	卫生指标项目	产品名称	指　标	试验方法	备　注
2	砷(以总砷计)的允许量(每千克产品中)(毫克)	石　粉	≤2.0	GB/T 13079	不包括国家主管部门批准使用的有机砷制剂中的砷含量
		硫酸亚铁、硫酸镁			
		磷酸盐	≤20.0		
		沸石粉、膨润土、麦饭石	≤10.0		
		硫酸铜、硫酸锰、硫酸锌、碘化钾、碘酸钙、氯化钴	≤5.0		
		氧化锌	≤10.0		
		鱼粉、肉粉、肉骨粉	≤10.0		
		猪配合饲料	≤2.0		
		猪浓缩饲料	≤10.0		以在配合饲料中20%的添加量计
		猪添加剂预混合饲料			以在配合饲料中1%的添加量计
3	氟(以F计)的允许量(每千克产品中)(毫克)	鱼粉	≤500	GB/T 13083	高氟饲料用 HG 2636－1994 中 4.4 条
		石粉	≤2000		
		磷酸盐	≤1800	HG 2636	
		猪配合饲料	≤100	GB/T 13083	
		骨粉、肉骨粉	≤1800		
		猪添加剂预混合饲料	≤1000	GB/T 13083	以在配合饲料中1%的添加量计
		猪浓缩饲料	按添加比例折算后，与相应猪、禽配合饲料规定值相同		

续表 3-3

序号	卫生指标项目	产品名称	指标	试验方法	备注
4	霉菌的允许量(每克产品中)霉菌总数×10³个	玉米	<40	GB/T 13092	限量饲用:40～100 禁用:>100
4	霉菌的允许量(每克产品中)霉菌总数×10³个	小麦麸、米糠	<40	GB/T 13092	限量饲用:40～80 禁用:>80
4	霉菌的允许量(每克产品中)霉菌总数×10³个	豆饼(粕)、棉籽饼(粕)、菜籽饼(粕)	<50	GB/T 13092	限量饲用:50～100 禁用:>100
4	霉菌的允许量(每克产品中)霉菌总数×10³个	鱼粉、肉骨粉	<20	GB/T 13092	限量饲用:20～50 禁用:>50
4	霉菌的允许量(每克产品中)霉菌总数×10³个	猪配合饲料 猪浓缩饲料	<45	GB/T 13092	
5	黄曲霉毒素 B_1 允许量(每千克产品中)(微克)	玉米 花生饼(粕)、棉籽饼(粕)、菜籽饼(粕)	≤50	GB/T 17480 或 GB/T 8381	
5	黄曲霉毒素 B_1 允许量(每千克产品中)(微克)	豆粕	≤30	GB/T 17480 或 GB/T 8381	
5	黄曲霉毒素 B_1 允许量(每千克产品中)(微克)	仔猪配合饲料及浓缩饲料	≤10	GB/T 17480 或 GB/T 8381	
5	黄曲霉毒素 B_1 允许量(每千克产品中)(微克)	生长肥育猪、种猪配合饲料及浓缩饲料	≤20	GB/T 17480 或 GB/T 8381	
6	铬(以 Cr 计)的允许量(每千克产品中)(毫克)	皮革蛋白粉	≤200	B/T 13088	
6	铬(以 Cr 计)的允许量(每千克产品中)(毫克)	猪配合饲料	≤10	B/T 13088	
7	汞(以 Hg 计)的允许量(每千克产品中)(毫克)	鱼粉	≤0.5	GB/T 13081	
7	汞(以 Hg 计)的允许量(每千克产品中)(毫克)	石粉 鸡配合饲料、猪配合饲料	≤0.1	GB/T 13081	

续表 3-3

序号	卫生指标项目	产品名称	指标	试验方法	备注
8	镉(以 Cd 计)的允许量(每千克产品中)(毫克)	米糠	≤1.0	GB/T 13082	
		鱼粉	≤2.0		
		石粉	≤0.75		
		猪配合饲料	≤0.5		
9	氰化物(以 HCN 计)的允许量(每千克产品中)(毫克)	木薯干	≤100	GB/T 13084	
		胡麻饼(粕)	≤350		
		猪配合饲料	≤50		
10	亚硝酸盐(以 $NaNO_2$ 计)的允许量(每千克产品中)(毫克)	鱼粉	≤60	GB/T 13085	
		猪配合饲料	≤15		
11	游离棉酚的允许量(每千克产品中)(毫克)	棉籽饼(粕)	≤1200	GB/T 13086	
		生长肥育猪配合饲料	≤60		
12	异硫氰酸酯(以丙烯基异硫氰酸酯计)的允许量(每千克产品中)(毫克)	菜籽饼(粕)	≤4000	GB/T 13087	
		生长肥育猪配合饲料	≤500		
13	六六六的允许量(每千克产品中)(毫克)	米糠 小麦麸 大豆饼、粕 鱼粉	≤0.05	GB/T 13090	
		生长肥育猪配合饲料	≤0.4		
14	滴滴涕的允许量(每千克产品中)(毫克)	米糠 小麦麸 大豆饼(粕) 鱼粉	≤0.02	GB/T 13090	
		猪配合饲料	≤0.2		

续表 3-3

序号	卫生指标项目	产品名称	指　标	试验方法	备　注
15	沙门氏杆菌	饲料	不得检出	GB/T 13091	
16	细菌总数的允许量(每克产品中)细菌 总数 $\times 10^6$ 个	鱼粉	＜2	GB/T 13093	限量饲用:2～5 禁 用:＞5

注:①所列允许量均为以干物质含量为88%的饲料为基础计算。②浓缩饲料、添加剂预混合饲料添加比例与本标准备注不同时,其卫生指标允许量可进行折算

第二节　猪舍环境参数

近几年来,圈舍内的空气质量对猪生产性能和健康水平的影响,越来越引起人们的重视,但生产者一般对母猪和仔猪舍的小气候环境控制比较重视,而对圈舍的整体环境关注比较少,对肥育舍的环境调控比较弱。有关圈舍内的环境参数国家做出了规定。

一、圈舍内的环境参数

猪舍空气温度和相对湿度见表 3-4。

表 3-4　猪舍内空气温度和相对湿度

猪舍类别	空气温度(℃)			相对湿度(%)		
	舒适范围	高临界	低临界	舒适范围	高临界	低临界
种公猪舍	15～20	25	13	60～70	85	50
空怀、妊娠母猪舍	15～20	27	13	60～70	85	50
哺乳母猪舍	18～22	27	16	60～70	80	50

续表 3-4

猪舍类别	空气温度(℃)			相对湿度(%)		
	舒适范围	高临界	低临界	舒适范围	高临界	低临界
哺乳仔猪保温箱	28～32	35	27	60～70	80	50
保育猪舍	20～25	28	16	60～70	80	50
生长肥育猪舍	15～23	27	13	65～75	85	50

注:①表中哺乳仔猪保温箱的温度是仔猪1周龄以内的临界范围,2～4周龄时的下限温度可降至26℃～24℃。表中其他数值均指猪床上0.7米处的温度和湿度。

②表中的高、低临界值指生产临界范围,过高或过低都会影响猪的生产性能和健康状况。生长肥育猪舍的温度,在月份平均气温高于28℃时,允许将上限提高1℃～3℃,月份平均气温低于－5℃时,允许将下限降低1℃～5℃。

③在密闭式有采暖设备的猪舍,其适宜的相对湿度比上述数值要低5%～8%

猪舍内的空气卫生指数见表3-5。

表 3-5 猪舍空气卫生指标

猪舍类别	氨(毫克/米^3)	硫化氢(毫克/米^3)	二氧化碳(毫克/米^3)	细菌总数(万个/米^3)	粉尘(毫克/米^3)
种公猪舍	25	10	1500	6	1.5
空怀妊娠母猪舍	25	10	1500	6	1.5
哺乳母猪舍	20	8	1300	4	1.2
保育猪舍	20	8	1300	4	1.2
生长肥育猪舍	25	10	1500	6	1.5

猪舍中的通风量与风速见表3-6。

表 3-6 猪舍通风量与风速

猪舍类别	通风量(米^3/时·千克)			风速(米/秒)	
	冬季	春秋季	夏季	冬季	夏季
种公猪舍	0.35	0.55	0.70	0.30	1.00

续表 3-6

猪舍类别	通风量(米³/时·千克)			风速(米/秒)	
	冬季	春秋季	夏季	冬季	夏季
空怀妊娠母猪舍	0.30	0.45	0.60	0.30	1.00
哺乳母猪舍	0.30	0.45	0.60	0.15	0.40
保育猪舍	0.30	0.45	0.60	0.20	0.60
生长肥育猪舍	0.35	0.50	0.65	0.30	1.00

注:①通风量是指每千克活猪每小时需要的空气量。②风速是指猪只所在位置的夏季适宜值和冬季最大值。③在月份平均温度≥28℃的炎热季节,应采取降温措施

猪舍内的采光参数见表 3-7。

表 3-7 猪舍采光参数

猪舍类别	自然光照		人工照明	
	窗地比	辅助照明(勒克斯)	光照度(勒克斯)	光照时间(小时)
种公猪舍	1∶12～1∶10	50～75	50～100	10～12
空怀妊娠母猪舍	1∶15～1∶12	50～75	50～100	10～12
哺乳母猪舍	1∶12～1∶10	50～75	50～100	10～12
保育猪舍	1∶10	50～75	50～100	10～12
生长肥育猪舍	1∶15～1∶12	50～75	30～50	8～12

注:①窗地比是以猪舍门窗等透光构件的有效透光面积为 1,与舍内地面积之比。②辅助照明是指自然光照猪舍设置人工照明以备夜晚工作照明用

二、猪舍环境控制方法

猪舍靠外围护结构不同程度地与外界隔绝,形成不同于舍外的舍内小气候,外围护结构设计是否合理,决定了猪舍的环境状况,猪舍环境条件与猪群的健康状况息息相关。设计不合理的猪舍夏季易形成高温高湿的环境,冬季易形成低温潮湿、空气污浊的环境,严重危害猪群的健康。通过合理设计猪舍的保温隔热性能,

组织有效的通风换气，采光照明和供水排水，并根据具体情况采用供暖、降温、通风、光照、空气处理等设备，给猪创造一个符合其生理要求和行为习性的适宜环境。

猪舍的保温隔热。保温是阻止热量由舍内向舍外散失，隔热是阻止舍外热量传到舍内。猪舍的保温隔热性能取决于猪舍样式、尺寸、外围护结构所用材料的热工性能和厚度等。参考我国工业与民用建筑气候分区，可分为 5 个区，供猪舍设计时参考。

一区为严寒区，1 月份平均气温在－15℃以下，猪舍应根据防寒要求进行设计，宜采用有窗式或无窗密闭式猪舍。二区为寒冷区，1 月份平均气温－5℃～－15℃，应以防寒为主兼顾防暑，可采用有窗密闭式猪舍，公猪、肥育后期猪、空怀和孕前期群养母猪舍亦可采用半开放式。三区为冬冷夏凉区，1 月份平均气温 0℃～－5℃，7 月份平均气温 25℃左右，既应注意防寒，又要注意防暑，除泌乳母猪、断奶仔猪外，可采用半开放式或开放式。四区为冬冷夏热区，1 月份平均气温 0℃～5℃，7 月份平均气温 27℃～29℃，全年空气湿度较大，应以防暑为主，兼顾防寒，除泌乳母猪舍外，均可采用半开放式或开放式猪舍。五区为炎热区，1 月份平均气温在 5℃以上，7 月份平均气温 28℃～30℃，空气湿度大，猪舍应根据防暑要求设计，一般均可采用开放式或凉棚式（四壁均为栅栏）。

1. 保温防寒 加强猪舍外围护结构的保温性能，这是提高猪舍保温性能的根本措施。设计时可根据热工计算选择材料，以避免冬季猪舍内表面结露滴水和防止冷应激。根据猪舍的特点，猪舍外围护结构的保温性能，应保证在冬季舍内温、湿度状况下，墙和屋项（吊顶）内表面不结露。

减小外围护结构的面积，可明显提高保温效果。猪舍的失热量与围护结构的面积成正比，在以防寒为主的地区，应尽量减小面积，以利保温。在不影响饲养管理的前提下，适当降低猪舍的高度，以檐高 2.2～2.7 米为宜。靠纵墙不设通道的无吊顶单列式猪舍，檐高还可更低些。但冬冷夏热地区须兼顾防寒防暑，檐高应在 2.4～3 米。在面积相同的情况下，跨度大的猪舍外围护结构面积相对较小，有利于保温，但跨度大，不利于自然通风和光照，跨度超过 8～9 米，就须设置机械通风。

2. 隔热防暑 夏季舍外高温和强烈的太阳辐射（两者的综合效果称为综合温度）会使猪舍温度升高，加之猪只散发大量体热，在白天舍内温度往往高于舍外，影响猪只的正常生产。外围护结构内表面温度升高，也会对猪只造成热辐射。为搞好猪舍夏季防暑，除绿化遮荫、降低饲养密度外，还需加强猪舍的隔热设计，必要时采取降温措施。为了提高屋顶的隔热性能，在以防暑为主的地区可采用通风屋顶。通风屋顶可起隔热作用，屋顶建成 2 层，层间的空气被晒热的外层加热变轻，从气口排出，将热量带走，冷空气由进气口流进，如此不断循环，减少了传至里层的热量，降低了屋顶内表面和舍内的空气温度。

除合理设计猪舍、提高其隔热性能外，在生产管理中还可采取其他有效的降温措施，如淋浴、喷雾、蒸发垫冷却空气等降温设备。猪无汗腺，高温情况下靠呼吸和皮肤蒸发散热，给猪只淋水或使之滚浴，则可增加猪体蒸发散热量，减轻热应激。淋浴使猪体表变湿，结合通风，促进水蒸发，吸收的热量大部分是猪体热量，防暑效果更佳。

第三节 猪场粪污处理、利用与环境保护

规模化养猪场产生大量粪污，只有高度重视科学处理，才能实现持续发展和环境友好型产业。

一、规模化养猪场对环境造成污染的形式及危害

规模化养猪场产生的污染物主要来源于猪粪尿、污水及恶臭。造成的污染主要有三方面。

(一)对大气的污染

对猪场环境和周围气体的污染主要是猪场产生的臭味。养猪场的恶臭主要有硫化物、氨化物等。据报道,臭气只有13%来自新鲜粪尿,大部分是粪尿等有机物腐败分解后产生的。污染物还有粉尘和病原体,这些物质的污染半径较大,如果不及时处理,会严重影响空气质量,这些物质形成的恶臭气体对人和动物的黏膜系统危害最严重,能降低机体的免疫力。

(二)水体污染

据报道,猪大约将53.1%的食入氮和79.8%的食入磷排出体外。这些氮和磷转化为硝酸盐和磷酸盐,养猪场排放的粪尿如果不经过无害化处理,就会通过地表径流污染地表水及经土壤渗漏污染地下水。

(三)重金属污染

一些含铜、砷等重金属的饲料添加剂给环境带来的危害也应引起重视。如在猪的日粮中添加高剂量的硫酸铜或氧化锌具有提高饲料利用率,促进生长发育和防止猪腹泻的作用,而高剂量铜、锌的吸收率只有5%,绝大部分随粪尿排入环境中。含高铜、高锌的粪便长期施入农田,将使土壤中微生物数量下降,土壤板结,严重影响农作物的生长。尤其重要的是,一旦土壤受到污染,这些污染物在农产品中的含量会大幅增高,最终通过食物链进入人体,危害人类健康。砷是动物的必需元素,也是剧毒物质,对许多器官有毒副作用,而且是一种致癌物质,它对环境的污染是相当危险的。

二、粪污处理技术

(一)清粪工艺

我国的规模化养猪场目前主要清粪工艺有3种:水冲式、水泡粪(自流式)和干清粪工艺。

1. 水冲式清粪工艺 在我国南方地区目前大多采用这种工艺。

2. 水泡粪清粪工艺 是在水冲粪的工艺基础上改造而来的,

猪舍采用高架漏缝地板设计，猪粪便落入储存池，并在储存池中注入一定的水，过一段时间后（一般为1～2个月），储存池装满后，拔开出口的闸门，将沟中粪水排出。这种工艺虽然较上一工艺节省了水，但是，由于粪便长时间在猪舍中停留，形成厌氧发酵，产生大量的有害气体（如硫化氢、甲烷等），危及动物和饲养人员的健康。该种工艺在劳动力比较贵的发达国家广泛使用，目前我国部分猪场采用，在目前我国的饲养环境条件下使用该工艺应谨慎。采用上述两种工艺排出的污水和粪尿混合在一起，给后处理带来很大困难，而且固液分离后的干物质肥料价值大大降低，粪中的大部分可溶性有机物进入液体，造成液体中部分物质浓度很高，增加了处理难度。

3. 干清粪工艺 在我国北方地区大多采用。干清粪工艺是，粪便一经产生便分流，干粪由机械或人工收集，经清粪道清出，而尿及污水则从下水道流出。该工艺可保持猪舍内清洁，无臭味，产生的污水量少，且浓度低，易于净化处理。此外，干粪直接分离，养分损失小，肥料价值高，这是目前比较理想的清粪工艺，日本多采用这种工艺，欧美国家也开始倾向于这种工艺。

（二）使用低污染日粮

不同的饲料消化利用率不同，在配合饲料时，可根据养分的消化率来配制，以减少粪尿中养分的排泄量。主要途径如下。

一是按“理想蛋白质”模式，以可消化氨基酸为基础，配制猪生产需要的平衡日粮，可提高蛋白质的利用率，减少氮的排出；在饲料中添加合成氨基酸，可减少蛋白质的百分比而又不影响动物的生长发育，还可大大减少氮的排出量。通过饲料配方技术，提高猪的饲料转化效率，减少排污也成为降低养猪场排泄物对环境污染的一条新途径。

二是合理使用饲料添加剂。植物性饲料中含有多种抗营养因子，酶制剂可以消除相应的抗营养因子，补充动物的内源酶，提高饲料利用率。饲料中添加植酸酶，可提高猪对磷的利用率，降低磷的排泄量，并且还能提高猪对矿物质元素的利用率和蛋白质的消化率，使整个日粮养分的消化率有所提高，更为重要的是，可减少粪便中氮、磷的排出，减少对环境污染；防臭剂是配制环保型饲料必需的添加剂，丝兰属植物提取物不但能减少舍内的臭气，还能改善动物的生产性能；另外，在饲料中添加益生素、酸化剂、EM 制剂、各种酶类等都可减少氮、磷和矿物质元素对环境的污染。

三是改进饲料工艺。采用合理的饲料加工工艺，通过饲料的粉碎、膨化、颗粒化等处理，可提高饲料利用率，从而减少粪便中有机物的含量。

(三)减少污水的处理技术

采用自动饮水系统，严格管理好水的使用，尽量少流入粪道，设备应达到密封性好、坚固耐用、抗腐蚀、能保持饮水清洁、饮水方便、供水量充足的目的。目前养猪生产中普遍采用鸭嘴式自动饮水器。饲喂系统采用自动喂饲设备—自流食槽，减少食物污染，降低饲料浪费。在猪场布局上，生活区之间应设防疫墙、防疫沟、防疫林带，种植吸附性强的常绿乔木和吸收臭气树木，如旱柳、槐树、刺槐、油松等。既可以美化环境，又可以改善空气质量，减轻恶臭污染。

三、粪污的综合处理工艺

养猪场排放的粪便和污水是可以利用的资源，1 万头猪场每年可产生猪粪 3 万吨，按粪中所含各种肥分进行计算，每年可提供约 100 吨的氮肥、30 吨的磷肥和 9 吨的钾肥。堆肥技术用来处理粪便是一种很有发展前景的处理方法，但目前堆肥法周期长、营养损失大、发酵热没有得到充分利用，有必要开发高效堆肥技术。通过优化控制堆肥的环境参数，为好热微生物的生长提供最佳的生存条件，促使其快速生长，加快消化速度，从而缩短堆肥周期，提高堆肥效率。沼气生产非常适合处理猪场排放的高浓度有机污水，沼气不仅作为单一的燃料，同时还可带动整个生态系统的良性循环，通过沼气及其发酵物的综合利用可大大提高猪场污水的利用价值。

猪场废水主要包括猪尿、部分猪粪和猪舍冲洗水，属高浓度有机废水，而且悬浮物和氨氮含量大；另外养猪业属微利行业，不可能投入很多资金用于处理废水，所以猪场废水处理难度很大。对于猪场粪污的处理，国内外研究人员都进行了大量的研究与实践。既有好氧处理，也有厌氧处理，还有好氧 +厌氧处理，以及氧化塘、人工湿地等自然处理。下面就目前国内外对猪场粪污处理的技术作一介绍。

(一)还田模式

猪粪尿还田作肥料是一种传统的、经济有效的粪污处置方法，可以使猪粪尿不排向外界环境。生猪分散养殖户的粪污处理均是采用这种处置方法。在美国这样发达的国家，其规模化猪场粪污处理，大多数都采用此法。鉴于猪粪尿污染的严重性和处理困难，英国和其他欧洲国家已开始将养殖工序由水冲式清洗粪尿回归传统的稻草或作物秸秆铺垫吸收粪尿，然后制肥还田。猪粪尿的还田使用，既可以有效地处置污染物，又能将其中的营养成分循环于土壤—植物生态系统中。

1. 工艺流程 见图 3-1。

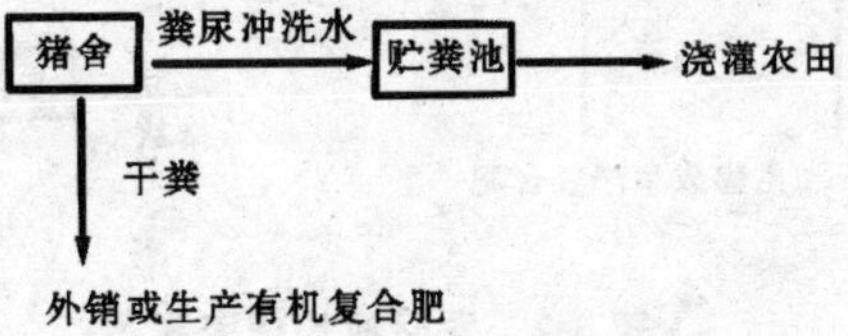

图 3-1 猪场粪污还田模式工艺流程

2. 工艺设计参数 还田模式设计的关键参数是确定贮粪池的容积。必须要有足够的容积来贮存暂时没有施用的猪粪污水，不能有多余的污水向水体排放，同时又不能闲置太多的容积，造成浪费。规模化猪场贮粪池容积计算公式：

$V=1.1\ QT$

式中：1.1—保护系数；

V—贮粪池容积；

Q—每天猪粪尿污水量/米^3·天；

T—最长贮肥期/天。

贮粪池应尽量减少池表面积和占地面积。池深可达6米，但深度不得低于当地正常水位。池壁和池底应有防漏功能以免污染地下水。

3. 技术特点 采用该技术投资少；减少化肥的使用，增加土壤的肥力。但采用该技术污水没经过无害化处理，容易造成疾病的传播；连续过量使用粪污易造成磷、重金属的沉淀，污染地表水和地下水。

（二）厌氧发酵模式

这种模式是沼气研究人员正在推广的一种猪场粪污处理工艺，在我国广大地区已得到了较为广泛的推广应用。

1. 工艺流程 见图3-2。

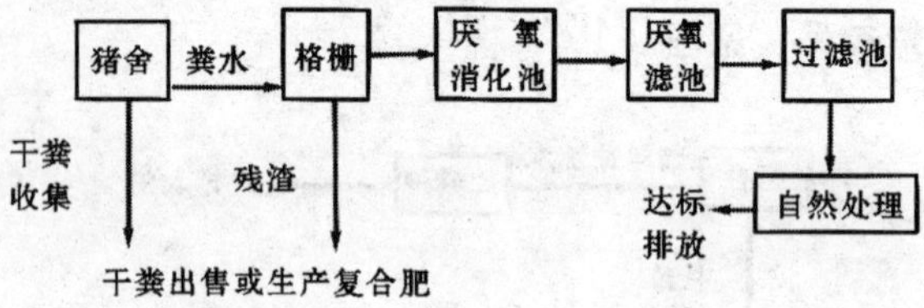

图3-2 发酵池处理流程

本处理工艺，由自然处理系统和厌氧发酵系统两部分组成。猪舍中的排泄物，采用干湿分离的方式，粪便直接出售或生产复合肥；粪水经过格栅分离干粪和污水，粪直接出售或生产复合肥，污水注入厌氧发酵池中，进行发酵无害化处理。

2. 工艺特点 厌氧发酵模式处理粪污，投资不大，在我国南方一年四季发酵效果良好，污水经过发酵进行无害化处理；发酵池产生的沼气用于发电、燃烧。但该工艺占用一定的土地，同时在我国北方冬季发酵工艺需要改进。

国外规模化猪场对污水处理，主要采用厌氧＋好氧 ＋生物净化组合工艺。一般坚持资源化、无害化、减量化的处理原则，综合考虑人口数量、土地承载力来控制规模化猪场的发展速度和规模。

第四节　猪舍及猪场建筑参数

一、场址的选择

（一）地形、地势的选择

1. 地理位置选址原则　猪场选址首先应当节约用地，尽量选用不宜耕作的土地。应选择在远离住宅区和主要交通道路，并且在城镇居民区常年主导风向的下风向或侧风向，避免气味、废水及粪肥堆置而影响居民区环境。应尽量靠近饲料供应和商品销售地区，交通便利、水电供应可靠。

2. 场址选择　修建猪场应选择地势较高，较干燥，排水良好，地下水位应在2米以下，背风向阳的平坦场地，地形要开阔整齐，有足够的面积。若场地建在山区，一般应选择较为平缓的背风向阳的坡地，这种场地具有良好的排水性能，且光照充足，还可以避免冬季寒风的侵袭。坡度不宜过大，一般1%～3%为宜，不超过25°为宜，否则不利于饲养管理和交通运输。切忌将猪场建在山顶、谷地或风口等处。在平原地区建场，应选择地势较高的地方，场地中部较高，四周较平坦，以利于排水。

3. 选址的防疫要求　最好离主要干道400米以上，一般距铁路和一、二级公路300～400米，最好在1 000米以上，距三级公路不少于150～200米，距四级公路不少于50～100米。同时，要距离居民点、工厂500～1 000米以上。如果有围墙、河流、林带等屏障，则距离可适当缩短些。距其他养殖场应在500～1 500米以上，距屠宰场和兽医院宜在1 000～2 000米以上。禁止在旅游区及工业污染严重的地区建场。

(二)水源的选择

猪场应具有充足的、品质良好的水源,水源水量必须能满足场内生活、生产用水,以供猪群饮用、绿化、防火及生活等之用。场址的选择应尽量远离化工厂、造纸厂、屠宰场等,以免水源受到污染。饮用水一定要经过卫生检验后才能给猪饮用。

(三)土质的选择

选择较为坚实的土质,以利于承受建筑物的重量。土壤的通透性好,导热性小,且未被传染病和寄生虫等病原体污染过。在所有的土壤中,以沙质的土壤为最好,其透水性好且导热性小,是修建猪场的理想土质。

二、猪场布局

猪场的场址选定后,就应考虑猪场的总体规划和建筑物的合理布局。建筑物布局是否合理,关系到合理利用土地,正常组织生产,提高劳动生产率,降低生产成本,增加经济效益等一系列问题。猪场各建筑物的安排应结合地形、地势、水源、当地主风向等自然条件以及猪场的近期和远期规划综合考虑。

猪场一般可分为 4 个功能区,即生产区、生产管理区、隔离区、生活区。为便于防疫和安全生产,应根据当地全年主风向与地势,顺序安排以上各区,即生活区→生产管理区→生产区→隔离区。

(一)生 产 区

生产区是养猪生产的主体部分,它包括各类猪舍、饲料加工间、仓库、畜牧兽医室、人工授精室等。为了防疫卫生,生产区应是独立、封闭的。

安排猪舍时,首先应根据猪场的地形、地势和风向等自然条件考虑猪舍朝向。猪舍的朝向应尽量朝南,冬季可以增大太阳辐照,提高猪舍温度,夏季则可以防止太阳过度照射。另外,在我国的大部分地区,夏季以东南风为主,冬季以西北风为主,猪舍坐北朝南,夏季利于通风以降低猪舍温度,冬季则可以避开西北风的正面袭击,有利于猪舍的保暖。

各类猪舍应根据各类猪群的生物学特性，从方便生产利用的角度出发来安排。各类猪舍的安排顺序应为种猪舍、妊娠母猪舍、哺乳母猪舍、保育猪舍和肥育猪舍。种猪舍应放置在上风向，并与其他猪舍分开。公猪舍放置在较为僻静的地方，与母猪舍保持一定的距离。人工授精室应设在公猪舍附近。分娩舍应靠近保育舍，育成舍靠近肥育舍，肥育舍则应设在离场门较近的地方，便于运输。另外，为防止猪群疾病的传染，防火安全以及通风透光，猪舍之间的距离应保持 15～20 米，或至少不小于前排猪舍高度的 2 倍。为避免运输车辆进入生产区，装猪台应设在肥育猪舍的下侧（下风向）。生产区的入口处应设消毒间和消毒池。

（二）管 理 区

包括猪场的办公室、会议室、接待室、车库、化验分析室、饲料加工车间、饲料仓库、修理车间、变电室、锅炉房、水泵房等。管理区与日常的饲养工作有密切的关系，且与外界联系频繁，应严格做好消毒防疫工作。从防疫的角度出发，管理区应与生产区隔离，自成一院，其位置应设在生产区的上风向。

（三）生 活 区

包括职工宿舍、食堂、文化娱乐室以及运动场等设施，位于生产区的上风向。

（四）隔 离 区

包括兽医室、病猪室和尸体坑等，应设在生产区的下风位置，并远离生产区至少 100 米以上。

（五）猪场道路及其绿化

1. 场内道路和排水　道路是猪场总体布局中一个重要组成部分，它与猪场生产、防疫有重要关系。场内道路应分设净道、污道，互不交叉。净道用于运送饲料、产品等，污道则专运粪污、病猪、死猪等。场内道路要求防水、防滑，生产区不宜设直通场外的道路，而生产管理区和隔离区应分别设置通向场外的道路，以利于卫生防疫。场区排水设施是为排除雨水、雪水，一般可在道路一侧或两侧设明沟排水，也可设暗沟排水，但场区排水管道不宜与舍内排水系统的管道通用，以防杂物堵塞管道影响舍内排污。防止雨季污水池满溢，污染周围环境。

2. 场区绿化 植树、种草，搞好绿化，对改善场区小气候有重要意义。绿化可以美化环境，吸尘灭菌、降低噪声、净化空气、防疫隔离、防暑防寒。场区绿化可按冬季主风的上风向设防风林，在猪场周围设隔离林，猪舍之间、道路两旁进行遮阴绿化，场区裸露地面上种植花草。场区绿化植树时，需考虑其树干高低和树冠大小，防止夏季阻碍通风和冬季遮挡阳光。

三、猪舍的建筑式样

一般情况，猪舍建筑样式按猪栏排列方式分为单列式、双列式、多列式。

(一)单列式猪舍

这种猪舍建筑形式在我国传统的养猪生产中占有重要地位，即在一栋猪舍内，猪栏排成一列，根据形式又可分为带走廊的单列式与不带走廊的单列式两种。一般靠北墙设饲喂走道，舍外可设或不设运动场，跨度较小，结构简单，建筑材料要求低，省工、省料，造价低，维修方便，且通风透光，但建筑面积利用率低，送料、给水、清粪不宜采用机械化。该种结构适于饲养种猪、养猪专业户及规模较小的养猪场图(3-3)。

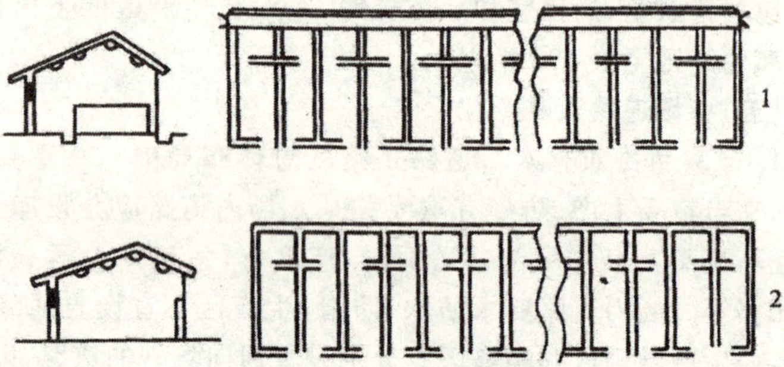

图 3-3 单列式猪舍

单列式猪舍根据其屋顶的形式又可分为单坡式、双坡式、平顶式、拱式和联合式等，见图 3-4。

单坡式猪舍屋顶前檐高后檐低，屋顶向后排水，这种结构通风透光，但保温性差；双坡式猪舍屋顶中间高，前后檐高度相等，两面排水，其通风透光及保温性能均较好，但造价比单坡式猪舍高；平顶式猪舍屋顶一般用钢筋混凝土制成，因此其造价较高，其隔热性能和排水性能均较差，不适合南方高温多雨地区，但这种猪舍的结构牢固，可抵御风沙的侵袭，因此在北方较为适用。

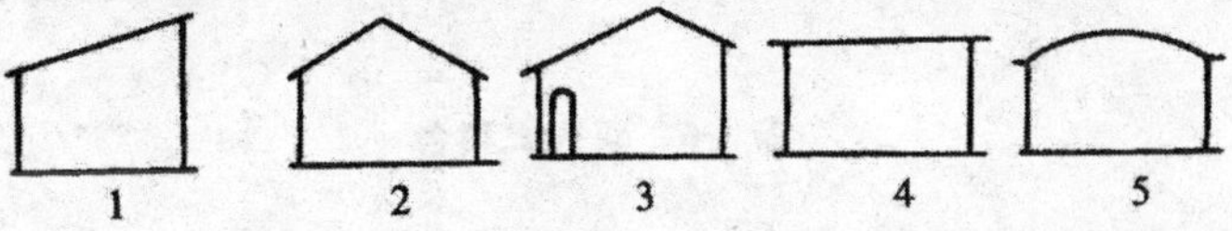

图 3-4　单列式示意

1. 单坡式　2. 双坡式　3. 双坡式　4. 平顶式　5. 拱式

单列式猪舍根据墙的设置又可分为开放式和半开放式两种（图 3-5）。开放式猪舍三面设墙，一面无墙；半开放式猪舍三面设墙，一面为半截墙。

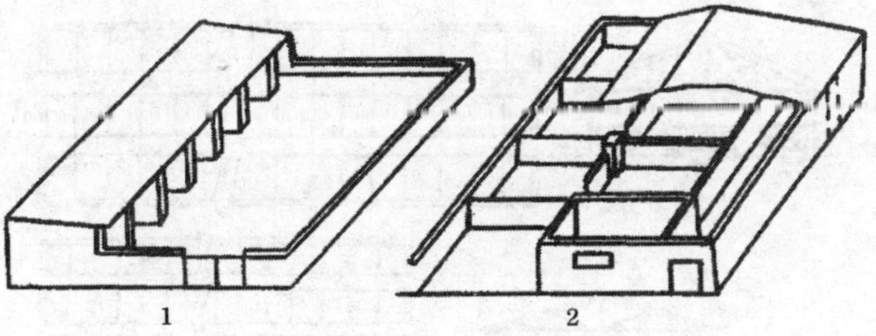

图 3-5　开放式和半开放式猪舍

1. 开放式猪舍　2. 半开放式猪舍

(二)双列式猪舍

双列式猪舍舍内有南北两列猪栏,中间设一走道,有的还在两边设清粪通道。这种猪舍建设面积利用率较高,管理方便,保温性能好,便于使用机械。但北侧猪栏采光性较差,舍内易潮湿。较适于规模较大、现代化水平较高的猪场采用。但这种猪舍跨度较大,结构复杂,造价较高(图 3-6)。

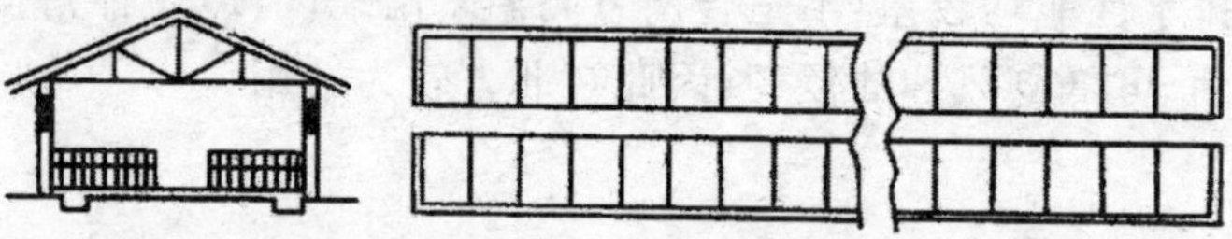

图 3-6　双列式猪舍

(三)多列式猪舍

即舍内有 3 列或 3 列以上的猪栏,这种猪舍容纳的猪只数量多,猪舍面积的利用率高,有利于充分发挥机械设备的效率,因此多为大型的机械化养猪场所采用。但是多列式猪舍南北跨度较大,采光差,舍内阴暗潮湿,通风不良,空气污浊。这种猪舍必须辅以机械,人工控制其通风、光照及温湿度,其跨度多在 10 米以上。不适合南方高温、高湿的地区采用(图 3-7)。

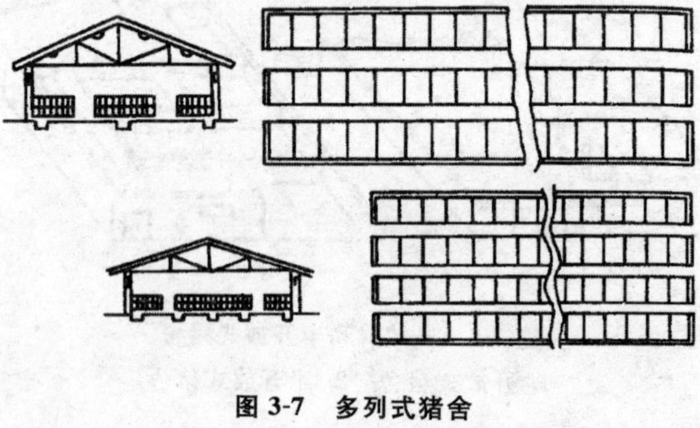

图 3-7　多列式猪舍

(四)塑料大棚式猪舍

近年来,我国北方地区的不少猪场在冬季采用塑料薄膜覆盖猪舍的运动场,有效地提高了猪舍的防寒保温性能,取得了明显的经济效益(图 3-8)。

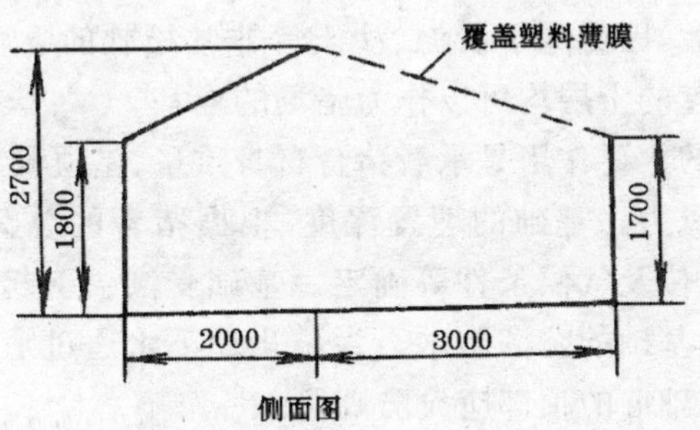

图 3-8 塑料大棚猪舍示意 (单位:毫米)

四、猪舍的建筑要求及其结构

(一)猪舍的建筑要求

不同类型的猪所使用的猪舍的建筑要求不同。

1. 种公猪舍 通常使用单列式猪舍,每栏饲养 1 头种公猪或 2~3 头后备公猪。每栏的使用面积为 8~10 米^2,隔栏的高度一般为 1.2~1.4 米,每栏的舍外部分还应设有一个小的运动场,整个公猪舍还应有一个共用的运动场,供公猪经常运动。

2. 母猪舍 可使用单列式或双列式两种,每栏面积 7~9 米^2,并附有 2 米^2 左右的仔猪补料间,隔栏的高度为 0.9~1 米,如采用群养,每栏饲养母猪 5~6 头,舍外应设有运动场。哺乳仔猪与母猪同栏饲养,断奶后转入肥育猪舍饲养。

3. 肥育猪舍 有单列式和双列式两种,每栏的使用面积在 12~16 米^2,每栏饲养肥育猪 15~20 头,隔栏的高度为 0.8~0.9 米,每栏的舍外部分设有 12~16 米^2 的运动场。

(二)猪舍的基本结构

猪舍的基本结构包括地面、墙、门窗、屋顶等,这些又统称为猪舍的“外围护结构”。猪舍的小气候状况,在很大程度上取决于外围护结构的性能。

1. 地基、基础和地面 猪舍一般不是高层建筑,对地基的压力不会很大,因此除了淤泥、沙土等非常松软的土质以外,一般中等以上密度的土层均可以作为猪场的地基。

基础的主要作用是承载猪舍自身重量、屋顶积雪重量和墙、屋顶承受的风力。基础的埋置深度,根据猪舍的总荷载、地基承载力、地下水位及气候条件等确定。基础受潮会引起墙壁及舍内潮湿,应注意基础的防潮防水。为防止地下水通过毛细管作用浸湿墙体,在基础墙的顶部应设防潮层。

猪舍地面是猪活动、采食、躺卧和排粪尿的地方。地面对猪舍的保温性能及猪的生产性能有较大的影响。猪舍的地面要求坚实平整、不滑、无缝隙,保暖性能好,具有一定的弹性,不透水,且具有适当的坡度,易于清扫和消毒。在我国多采用土、砖、石料、水泥等修建地面。地面一般应保持2%～3%的坡度,以利于保持地面干燥。土质地面、三合土地面和砖地面保温性能好,但不坚固、易渗水,不便于清洗和消毒。水泥地面坚固耐用、平整,易于清洗消毒,但保温性能差。目前猪舍多采用水泥地面和水泥漏缝地板。为克服水泥地面传热快的缺点,可在地表下层用孔隙较大的材料(如炉灰渣、膨胀珍珠岩、空心砖等)增强地面的保温性能。

2. 墙脚和墙壁 墙脚是墙壁与基础之间的过渡部分,一般比室外的地面高出 20～40 厘米左右,在墙脚与地面的交接处应设置防潮层,以防止地下或地面的水沿基础上升,使墙壁受潮,通常可用水泥砂浆涂抹墙脚。

猪舍的墙壁要求坚固耐用,具有良好的隔热保温性能,保护舍内的小环境不受外界气候急剧变化的影响。墙内表面要便于清洗和消毒,地面以上 1～1.5 米高的墙面应设水泥墙裙,以防冲洗消毒时溅湿墙面和防止猪弄脏、损坏。同时,墙壁应具有良好的保温隔热性能，墙壁的保温隔热性能直接关系到舍内的温、湿度状况。据报道，猪舍总失热量的35%～40%是通过墙壁散失的。我国墙体的材料多采用黏土砖。砖墙的毛细管作用较强，吸水能力也强，为保温和防潮，同时为提高舍内照度和便于消毒等，砖墙内表面宜用白灰水泥砂浆粉刷，墙体做隔热保温处理，墙壁可用0.3厘米的集束板。墙壁的厚度应根据当地的气候条件和所选墙体材料的热工特性来确定，既要满足墙的保温要求，同时尽量降低成本和投资，避免造成浪费。

3. 屋顶 猪舍的屋顶要求结构简单、坚固耐用、排水便利，且应具有良好的保温性能。各地可以因地制宜做好房顶的隔热保温效果，如猪舍加设吊顶可明显提高保温隔热性能，但随之也增大了投资。

4. 门窗 猪舍门的设置首先应保证猪群的自由出入，以及运料和出粪等日常生产的顺利进行，因此猪舍的门一般不设门槛和台阶，应建成斜坡状，以免猪群出入时损伤蹄脚。另外，门是猪舍通风散热的重要部分，因此在北方寒冷的地区，门的设计应密实且保温性能好，在冬季的主风向应少设或不设门。猪舍通道的门高一般1.8米、宽1米。通风窗口，距地面0.8～1米左右，在我国北部地区，冬季持续的时间较长，所以窗户不必过大，大约1.2米×0.8米。在我国南部区域，高温持续的时间长，窗户要大一些，如果有必要还可以设置地脚窗20厘米×40厘米。顶棚在4～6米设置1个无动力通风机，以便保持圈舍通风换气。

窗户的设置对猪舍的采光和通风有重要的作用，但不利于冬季的保温和夏季的防暑。可见，窗户的数量和面积应根据猪舍的建筑结构和当地的气候条件来确定。

第四章　猪胴体品质评定技术参数

第一节　猪胴体性状评定参数

猪胴体组成取决于肌肉、脂肪和骨骼所占的比例及分布。猪胴体是指猪屠宰后按规定方法去掉头、蹄、尾和内脏（除板油、肾脏）后的净重。胴体的价值是由很多性状决定的，包括胴体重、屠宰率、背膘厚度、眼肌面积、胴体长、腿臀比例以及皮、骨、肉、脂四大组织的重量和占胴体重的百分比。因此，胴体品质是反映猪产肉性能的一类重要的经济性状，是衡量种猪性能水平的重要依据。依据市场的需求，胴体瘦肉率是最重要的性状，但直接法测定瘦肉率的费用很昂贵，只能取得少量个体的资料。为此，需要通过辅助选择性状提高猪胴体瘦肉率。

胴体品质评定指根据胴体性状的好坏对胴体质量进行客观而科学的评价。胴体品质评定是种猪测定工作中的一个重要环节。胴体品质的评定方法与社会经济发展和人民生活水平有着密切联系。如我国在 20 世纪 80 年代以前，一般认为胴体背膘越厚、花板油越多则胴体品质越好，收购商品猪也是体重愈大等级愈高。而现在则以胴体背膘薄、瘦肉产量高为优质胴体，且要求肌肉品质良好，商品猪上市体重也不宜过大或过小。因此，胴体品质的评定方法不是固定不变的。下面重点介绍胴体性状的定义及测定方法，胴体性状的遗传，影响胴体品质的因素以及胴体品质的评定方法。

一、胴体性状的定义及度量方法

（一）胴 体 重

去掉头、蹄、尾和内脏（除板油、肾脏外）后的两片肉合重。又分为热胴体重和冷胴体重，前者是宰后 45 分钟的胴体重，后者是指宰后24小时的胴体重。国外胴体重是指不包含内脏器官，但包含头、蹄、肾和板油的屠宰重量。

（二）屠 宰 率

胴体重占宰前活重的百分比。

$$屠宰率(\%)=\frac{胴体重}{宰前活重}\times 100\%$$

（三）背 膘 厚

指皮下脂肪的厚度（不含皮厚），一般是测量第六和第七肋接合处的背部皮下脂肪厚度。胴体测量时，取肩部最后处、胸腰椎接合处和腰荐椎接合处3点膘厚的平均背膘厚。国外，测量膘厚常包括皮在内。

1. 肩部膘厚 肩部最厚处用游标卡尺测皮下脂肪厚度，单位是厘米。

2. 胸部膘厚 第六和第七肋间用游标卡尺测皮下脂肪厚度，单位是厘米。

3. 腰部膘厚 最后肋骨处（胸腰结合部）用游标卡尺测皮下脂肪厚度，单位是厘米。

4. 臀部膘厚 髋结节处用游标卡尺测皮下脂肪厚度（该测点在半圆形肌肉中点），单位是厘米。

5. 平均膘厚 肩部、腰部与臀部3点膘厚的平均值。

（四）皮 厚

第六和第七肋骨处用游标卡尺测皮肤厚度。

（五）胴 体 长

一般有两种测量法：一是由枕寰关节底部前缘（第一颈椎凹陷处）至耻骨联合前缘中线的距离，称为胴体直长；二是由第一肋骨与胸骨结合处至耻骨联合前缘中线的距离，称为胴体斜长。

（六）眼肌面积

猪背最长肌的横断面积形似眼，故称为眼肌，一般在最后肋骨处测量。可以用硫酸纸贴在上面描绘其轮廓后用求积仪测定，或按宽度×高度×0.7以估计其面积，这里宽度和高度分别是用游标卡尺度量的背最长肌横断面的最宽及最高部位的距离，0.7 为系数。有条件的还可以利用眼肌扫描仪进行活体测定。

(七)腿臀比例

指腿臀部重量占胴体重量的百分数。臀和腿是胴体中产瘦肉最多的部位，因此，腿臀比例在评定胴体时有重要的意义。测量部位是沿倒数第一、第二腰椎间垂直切下的后腿重量，即包括最后腰椎的腿臀重量，而国外多在腰荐椎结合处垂直切下。

(八) 内 脂 率

分为内脂率、板油率和花油率。计算公式如下：

$$内脂率(\%)=\frac{花板油合重}{胴体重}\times 100\%$$

$$板油率(\%)=\frac{板油重}{胴体重}\times 100\%$$

$$花油率(\%)=\frac{花油重}{胴体重}\times 100\%$$

(九) 腰肌率

计算公式如下：

$$腰肌率(\%)=100\%\times 左片胴体腰肌重\times 2/胴体重$$

二、胴体分割与剥离

取左半胴体除去板油、肾脏后，将其分为前、中、后三躯。前躯与中躯以 6～7 肋间为界垂直切下，后躯从倒数第一、第二腰椎处垂直切下。然后将各躯皮、骨、脂肪与瘦肉分离开来，并分别称重。分离时肌间脂肪算作瘦肉不另剔出，皮肌(包括腹部和大腿部皮肌)算作脂肪不另剔出。剥离过程中所造成的组织损失，可以计算，也可作为随机误差忽略不计。

胴体瘦肉率测定：将半片胴体进行剥离，分为骨骼、皮肤、肌肉和脂肪四种组织并分别称重，然后计算肌肉占四种组织总重的百分数即为胴体瘦肉率。另一种方法不是剥离为四种组织，而是只分出其瘦肉，用瘦肉占胴体重的比例表示。大多数欧洲国家计算瘦肉率是指胴体完全剥离所获得的瘦肉量(不包括头部瘦肉)占整个胴体重的百分数。由于我国胴体计算方法与国外的不同(见胴体重),所以胴体瘦肉率的数值往往比别的国家要高。因此,在比较各国猪胴体瘦肉率时应当予以注意。

各组织计算公式如下:

$$皮率(\%)=\frac{(皮总重)}{(皮、骨、肉、脂总重)}\times 100\%$$

$$骨率(\%)=\frac{(骨骼总重)}{(皮、骨、肉、脂总重)}\times 100\%$$

$$脂肪率(\%)=\frac{(脂肪总重)}{(皮、骨、肉、脂总重)}\times 100\%$$

$$瘦肉率(\%)=\frac{(瘦肉总重)}{(皮、骨、肉、脂总重)}\times 100\%$$

为适应猪肉商品市场的需要,往往采用可销售瘦肉分割块比例衡量胴体组成,如香港五丰行的瘦肉率=四条腿的瘦肉量/活重×100%(李盛霖等,1988);中国粮油食品进出口公司规定的商业瘦肉率为颈背、前眼、大排和后腿肌肉重量占胴体重的百分率(蒋模有等,1987);美国、加拿大的分割块瘦肉率是

$$\left(\frac{臀部、腰部、前腿部和后腿部瘦肉量}{臀部、腰部、前腿部和后腿部的重量}\right)\times 100\%$$

(Rae 等,1985;Siemens 等,1989)。总之,商业上采用的分割肉块法与猪育种工作中一般采用的组织完全剥离法是有区别的。

三、胴体组成性状的遗传

胴体组成性状属于高遗传力性状,其估计值为 0.4～0.6,详见表 4-1,该表中所列的估计值是根据众多的研究结果而综合出来的。这些性状通过个体选择可以获得较大的遗传进展。

表 4-1 胴体组成性状及其平均遗传力及范围

性 状	平 均	范 围	性 状	平 均	范 围
瘦肉量	0.4	0.2～0.68	边膘厚	0.45	0.22～0.60
瘦肉切块重	0.42	0.30～0.60	腹膘厚	0.30	0.20～0.40

续表 4-1

性　状	平　均	范　围	性　状	平　均	范　围
瘦肉切块比例	0.46	0.31～0.91	腿臀比例	0.58	0.51～0.65
瘦肉率	0.46	0.35～0.85	臀部瘦肉率	0.63	0.45～0.78
脂肪率	0.60	0.40～0.75	腰部瘦肉率	0.50	0.40～0.61
脂肪切块比例	0.63	0.52～0.69	肌肉厚	0.20	0.10～0.30
剥离脂肪重	0.68	0.52～0.84	眼肌面积	0.48	0.16～0.79
皮下脂肪重	0.66	0.50～0.82	胴体长	0.60	0.40～0.81
肌肉脂肪重	0.49	0.33～0.65	胴体重	0.25	0.12～0.38
背膘厚	0.40	0.13～0.50	屠宰率	0.31	0.20～0.40
平均背膘厚	0.50	0.30～0.74	椎骨数	0.75	0.55～0.85

背膘厚反映猪的脂肪沉积能力，它与肌肉生长存在强遗传相关。Cameron(1990)报道的背膘厚与胴体重、瘦肉量、剥离脂肪量、皮下脂肪重和肌肉脂肪重的遗传相关分别为 0.35、－0.82、0.96、0.96 和 0.66。Bereskin 等(1988)根据正反交重复选择试验资料估计的平均背膘厚与胴体瘦肉块重量、瘦肉块生长速度、胴体长、眼肌面积和平均日增重的遗传相关分别为－0.50、－0.52、－0.73、－0.36 和 0.23。由此可见，通过选择背膘厚可望使胴体瘦肉率获得较大的相关反应。

胴体长与瘦肉块重量、瘦肉块生长速度、平均背膘厚、眼肌面积和平均日增重的遗传相关分别为 0.33、－0.11、－0.38、0.12 和－0.08(Bereckin,1981)。由于胴体长容易准确度量，遗传力高，故人们曾将活体体长这一性状纳入选择指数，试图改善猪的产肉力。

眼肌面积的遗传力较高，在以提高胴体瘦肉率为目的的选择中都重视对它的选择，特别是一些活体直接测量眼肌厚度或扫描出其完整图像的先进仪器设备问世以后，为个体表型选择以增大眼肌面积提供了现代化手段。Bereskin 等(1987)估计的眼肌面积与瘦肉块重量、瘦肉块生长速度、体重达 100 千克日龄、平均背膘厚和日增重的遗传相关分别为 0.79、0.12、0.74、−0.88 和 0.51 。

腿臀比例的遗传力高又与其他产瘦肉性状呈强遗传相关。Fredeen 等(1987)对拉康比(Lacombe)猪进行了参数估计，其中腿臀比例与平均背膘厚、眼肌面积和修整胴体的遗传相关分别为 −0.34、0.37 和 0.63。

四、国内外分级标准

猪胴体分级的目的是确定屠体某些特性，并根据这些特性指标决定屠体及其产品的价值，使产销双方有共同标准可遵循，进行公平合理交易。猪胴体分级已成为影响生猪养殖和屠宰加工企业经济效益的重要因素，良好的分级标准和制度可以客观反映市场需要，进而促进生产者改进肉猪屠体品质。

(一)国外猪胴体分级标准

1. 加拿大猪胴体分级标准 加拿大是最早建立分级系统的国家，1922 年建立分级雏形，20 世纪 60 年代出台第一个胴体等级标准，1986 年采取政府强制手段对猪屠宰量大于 1 000 头的屠宰企业使用胴体分级系统。从 1968 年实行以背膘厚度和胴体重建立的指数系统，发展为以胴体瘦肉率和胴体重建立的分级系统。他们将肉猪屠宰后对照胴体分级指数表，根据胴体重和瘦肉率确定胴体指数值(胴体指数值根据加拿大农业食品部定期的胴体分割数据制定)，以此确定“指数表”中的产出级别，根据指数值亦可计算活猪实际价格。该分级标准实行以来效果很好，肉猪品质得到明显改善。

2. 美国猪胴体分级标准 美国猪肉分级标准是美国农业部于 1985 年正式颁布执行的，他们将猪胴体分为 5 个等级：U. S. 1 级、U. S. 2 级、U. S. 3 级、U. S. 4 级和 U. S. utility。

(1)质量等级评定 如果 4 块主要分割肉(后腿肉、通脊肉、肩部肉和肩胛肉)质量性状都合格，胴体可参与评级(U. S. 1 ～4 级)；若质量不合格、腹肉太薄或肉质柔软、多油，定为

U. S. utility。

(2)*产量等级评定* 根据最后一肋背膘厚(包括皮)和肌肉丰度2个指标计算产量等级。公式如下：

胴体产量等级=(1.58 ×背膘厚,厘米)-(1.0 ×肌肉丰度)

式中：肌肉丰度值表示方法是薄是1分,中等是2分,厚是3分。肌肉薄的胴体不能评为U.S.1级;背膘厚大于4.45厘米不能评为U.S.3级。

3. 欧盟猪胴体分级标准 1989年欧盟开始实行统一的猪胴体分级标准,其主要依据是胴体瘦肉率和胴体重。欧盟依照瘦肉率不同分S,E,U,R,O,P 6个等级(如表4-2)。

表4-2 欧盟猪胴体分级等级标准

胴体等级	胴体瘦肉率(%)
S	>60.0
E	55.0～59.9
U	50.0～54.9
R	45.0～49.9
O	40.0～44.9
P	<40.0

欧盟组织各成员国根据各国情况使用不同分级仪器和不同估测瘦肉率方法,但不管用何种方式测量,必须满足估测胴体瘦肉率和实测瘦肉率之间的相关系数R不小于0.8,残差RSD不大于2.5%,样本使用量不少于120头,且样本需具代表性。

4. 捷克猪胴体分级标准 捷克自2004年加入欧盟后使用欧盟的猪胴体分级标准,不过该国引入了其他国较少用到的两个经济指标,即臀肌中间处的脂肪厚度和三角肌的肌肉厚度。

5. 日本猪胴体分级标准 日本根据半胴体重、外观(匀称性、背膘沉积和覆盖情况、有无损伤)和肉质(肉的质地、肉色、脂肪颜色)3个指标将猪胴体分为4个等级。

6. 巴西猪胴体分级标准 巴西是在1996年以后将瘦肉率加

入到分级指标中，使用背膘厚、腰肉厚和胴体重 3 个指标回归得出预测模型，从而划分等级。

(二)我国猪胴体分级标准

20 世纪 70 年代以前我国猪肉市场由国家统购统销，国营食品公司收购标准是按猪背膘厚定级，背膘越厚价格越高。1988 年我国建立 GB/T 9959.1－1988《带皮鲜、冻片猪肉》和 GB/T9959.2－1988《无皮鲜、冻片猪肉》两项国家标准。2001 年进行修订，将两项国家标准合并为 GB9959.1－2001《鲜冻片猪肉》。

我国猪肉分级主要有两种方法：一种是按整个胴体的肌肉发达程度及脂肪的厚薄分级，另一种是按胴体不同部位肌肉的组织结构、食用价值和加工用途分级。相对世界各国猪胴体分级标准，我国的标准并非严格意义上的胴体分级标准，而应看作是一种产品质量标准。

(三)各种先进技术检测猪肉品质

1. 光、磁等技术检测猪肉品质　世界上有很多检测肉质的方法和仪器，如色值仪、pH 计、脂肪分析仪、肌肉嫩度计、超声波测定仪、近红外线探针、手提分光光度计、光学探针、电磁扫描、绝缘扫描和核磁共振扫描等。

进入 20 世纪 90 年代，一些畜牧业发达国家开始把超声波技术引入猪胴体分级项目。Swatland-HJ 等人运用超声波技术，和一个与猪背部骨架相似的光学纤维探头，实现对大理石花纹和肌内脂肪等肉质指标进行自动估测。在我国，王重龙等人应用 B 超技术进行了活体测定猪背膘厚和眼肌面积的研究。倪德斌等利用 SFK 公司生产的超声活体测膘仪，对 81 头猪和杂交组合猪胴体的瘦肉率进行了估测，利用背膘、眼肌面积及活体重分别建立了活体和胴体瘦肉率估测方程。

A. H. Kirton 等介绍了应用电磁扫描技术进行瘦肉率预测的方法，这是基于瘦肉和脂肪组织电导率不同而进行的，在胴体通过电磁场时，测量其能量吸收值，从而计算出胴体的瘦肉率，但该仪器价格昂贵。

电子探针仪是X射线光谱学与电子光学技术相结合而产生的。探针可对样品中微小区域(微米级)的化学组成进行定性或定量分析。可以进行点、线扫描(得到层成分分布信息)、面扫描(得到成分面分布图像)分析。由于电子探针技术具有操作迅速简便、试验结果解释直截了当、分析过程不损坏样品、测量准确度高等优点,故得到日益广泛地应用。

南京农业大学张楠等应用加拿大Destron公司的PG-100瘦肉率测定仪和人工分级方法对556头商品肉猪进行了相关性状的测定与分析,分别建立了智能分级方法和人工分级方法的最优猪胴体瘦肉率预测模型,为制定符合我国国情的猪胴体分级标准建立了良好的技术操作平台。PG-100瘦肉率测定仪是一种基于光电感应探头的智能化猪胴体分级设备。其主要工作原理是通过脂肪与瘦肉的光反射率差异而分辨瘦肉与脂肪的界限,当光信号接收器感应到大的信号波动时即识别确认瘦肉与脂肪的交界点,从而测量出猪胴体的肌肉厚度和脂肪厚度,以此预测其瘦肉率。

2. 计算机视觉技术检测猪肉品质 目前我国还没有统一的强制性分级标准,企业往往根据肉的部位、膘厚和肉厚来确定等级。先进检测技术效果良好,但仪器价格一般不菲,增加了实施和推广的难度。从经济性因素考虑,推出一个客观、公正和技术上可行的猪胴体等级系统是十分必要的。

我国屠宰加工企业对于膘厚大都采用人工用尺测量或目测的方法。这种方法会触到猪肉,造成猪肉污染,而且测量过程中势必挤压猪肉造成误差,目测虽做到无损但准确性得不到保证。肉色和肌内脂肪等感官指标采用人工评分,将多位感官评定人员评分平均值作为样品的最后色泽分数,但人的视觉受光线等客观影响较大,无法保证准确性。因此,建立一个被大众认可的猪肉等级系统,不仅可以调动企业生产者的积极性,也可增加消费透明度以保证消费者权益。

美国哥伦比亚密苏里州大学生物和农业工程系的J. Lu、J. Tan和P. shatadal等人利用计算机技术评价猪肉肉色,以彩色图像的颜色特征值作为输入，分别利用已建立的统计模型和人工神经网络模型估测肉色评分并进行检验。该研究结果表明，基于人工神经网络的计算机图像处理技术是预测肉色的有利工具。

德国 CSB 公司 Kasel 于 2003 年利用计算机视觉技术从猪胴体横断面图像中提取信息，分别建立等级、瘦肉率以及生猪各部位瘦肉含量与图像信息的统计模型，从而对猪肉的等级进行评价，并在分割前给出生猪的出肉率和各部位含量。结果表明图像处理技术在猪肉等级评定方面的应用是可靠的，并具有较高的准确性。

北京科技大学张少军等人利用数字图像技术进行实时、快速、有效、经济的非接触式尺寸测量的方法，它包括图像的预处理、二值化、图像分割、轮廓线条的提取、拟合、光滑、系统的标定，尺寸的计算等，为建立猪肉等级系统奠定基础。

中国农业大学刘艳国等人利用图像处理技术和拐点算法对活体猪的图像进行处理，成功提取影响猪肉等级的图像外形特征，分别建立了实测指标及等级与外形特征的关系模型，准确率达到 92.1％。

中国农业大学于铂等人利用图像处理技术成功提取了背膘厚、腿臀围、眼肌面积、肉色和大理石纹等图像特征，建立了等级与相关图像特征的关系模型。

中国农业大学唐毅等人利用图像处理技术成功提取 6～7 肋膘厚、6～7 肋横长、臀中肌膘厚、臀中肌横长、胴体长、胴体长 1/2 处横长、胴体面积等多项指标等图像特征，建立了等级与相关图像特征的关系模型。

综上所述，利用计算机视觉技术不仅可以提取图像原始颜色信息和纹理特征，还可进行几何尺寸的测量。用图像处理技术从二分体中提取与猪肉质量相关指标的图像特征，选取适合的分类判决模型，最终可达到无损，客观，快速评定的目的。

第二节　影响胴体品质的因素

任何经济性状的表现，都是基因型与环境共同作用的结果，猪的胴体品质同样受环境与遗传的共同影响。影响胴体品质的因素主要包括猪的类型和品种、猪的杂交组合与杂交方式、猪的性别与阉割、饲养与管理以及猪的屠宰体重。

一、类型和品种

猪的胴体性状属高遗传力性状，因而猪的类型或品种不同，胴体品质存在较大的差别。就猪的类型而言，一般瘦肉型猪的胴体品质明显优于兼用型猪，而兼用型猪又优于脂肪型猪，如瘦肉型猪的胴体瘦肉率比兼用型猪高10%左右。就猪的品种而言，一般引进品种的胴体品质优于我国培育品种，而培育品种又明显优于地方品种。如外来品种的胴体瘦肉率较培育品种高5%～10%，培育品种较地方品种高10%以上。

二、杂交组合与杂交方式

不同杂交组合，因杂交亲本的性能水平与遗传纯度不同，加之亲本间的遗传距离也不相同，因而杂交后代的胴体品质必然存在差异。由于杂交方式不同，杂交效果也有差别。因胴体性状的遗传力较高，无明显的杂种优势，因此，要获得胴体品质优良的杂交后代，就必须选择胴体性状好、遗传纯度高、双亲遗传差异大的杂交亲本，并采用适宜的杂交方式。从杂交方式来说，一般三元杂交优于二元杂交，而双列杂交的效果则更好。如美国迪卡公司采用杜洛克、汉普夏、大白猪和长白猪纯系进行双列杂交生产的迪卡商品瘦肉猪，具有优良的胴体品质。

三、饲养与管理

瘦肉型猪的生长规律为，前期蛋白质沉积高于脂肪，后期脂肪沉积高于蛋白质，即"前期长肉、后期长膘"。根据猪的这一生长特点采用适当的饲喂方式，可明显改善胴体品质。将整个肥育期按体重分成两个阶段，即前期30～60千克，后期60～100千克。根据肉猪不同阶段生长发育对营养需要的特点，采用不同营养水平和饲喂技术。

肥育前期，采用较高的营养水平和自由采食的饲喂方法，进而使其日增重达到最高。另外，自由采食与限饲相比，肌肉嫩度和多汁性较好。自由采食生长速度较快，蛋白分解酶活性较强，屠宰后这些酶仍保持较高活性，肉的熟化较快，肉的嫩度较好。同时由于生长较快，达到上市体重的日龄较短，肉中结缔组织的含量较低。另外，自由采食肌间脂肪含量较高，肌肉较嫩。

肥育后期，适当限饲或降低饲粮能量水平，可以防止脂肪过多沉积，提高胴体瘦肉率。另外屠宰前短期限饲(屠宰前限饲 10～18 小时)可以降低 PSE 肉的发生。这主要是由于屠宰前限饲能够降低骨骼、肌肉、纤维中肌糖原的数量，肌肉中的乳酸较少，肉的 pH 较高。但限饲时间不能超过 24 小时，否则肌肉能够从脂肪组织中获能，使其能贮恢复到未限饲前的水平，这样反而会对肉质产生不利影响。

据报道，对商品瘦肉猪采用前期自由采食，后期适当限制饲养(限食 10%～15%)的方式，与全期充分饲养相比，可使猪的肌内脂率和脂肪率分别下降 0.39%和 1.44%，腿臀比例和瘦肉率分别提高 0.79%和 1.48%。另外，运动可促进骨骼和肌肉正常发育，保证匀称结实的体型，防止脂肪过量沉积。为此，给予商品瘦肉猪适当的运动，有利于改善胴体品质，运动可使胴体瘦肉率提高 0.83%。

四、性别与阉割

猪的性别不同以及阉割与否，因激素水平不同、新陈代谢各异，不仅生长速度存在差异，而且胴体品质也存在较大差别。廖明寿对大白猪的性别和阉割与胴体品质的关系进行了研究，结果表明，未阉割的母猪背膘最薄，眼肌最大，瘦肉率最高，分别为 13.9 毫米、36.38 厘米^2 和 65.21%，未阉割的公猪其次，分别为 14.1 毫米、32.65 厘米^2、64.79%，与母猪无显著差异。而阉公猪的背膘厚 17.7 毫米、眼肌面积 30.09 厘米^2、瘦肉率 60.79%，相对较差，与未阉割的公、母猪差异极显著，说明阉割对猪胴体品质的影响较大。

五、屠宰体重

猪在不同的发育阶段，各组织的生长具有不平衡性的特点。利用猪的这一生长发育规律确定适宜的屠宰体重，既可获得较快的生长速度，又可获得较好的胴体品质。一般而言，猪的屠宰体重越小，胴体瘦肉率越高，但瘦肉产量相对减少，增重速度也较慢；而屠宰体重过大，虽瘦肉产量提高，但胴体瘦肉率相对较低，每千克增加的饲料消耗也相对增加。同时由于猪的类型与品种不同，皮、骨、肉和脂四大组织的生长系数(b)和早熟性顺位存在差异，对猪的适宜屠宰体重也有较大的影响。据研究，引进的瘦肉型猪种适宜屠宰体重为100～110千克、培育猪90千克左右、地方猪种70～80千克。另外，猪的适宜屠宰体重在某种程度上受生态地理条件的影响。

第三节　猪肌肉品质评定参数

随着胴体瘦肉量的增加而导致肉质变劣的现象已日益引起研究工作者、生产者及消费者的关注。一些国家已将肉质性状纳入猪的综合育种值评定之中。根据肉类科学和消费者最关心的肉食品质，具有重要经济价值的指标有：肌肉的pH、肌肉颜色、肌肉系水力、滴水损失、肌肉大理石纹、熟肉率、肌肉嫩度和香味。

根据国家标准《瘦肉型肉质评定方法》(试行)，猪肉品质评定方法如下。

一、猪肉品质评定指标与方法

(一)肌肉颜色

1. 原理　肌肉的颜色主要取决于肌肉中的肌红蛋白质含量及其铁原子的化学价态。正常肉呈鲜红色，蛋白质变性和受微生物污染的肉呈绿色。PSS 的异常肉质呈灰白色(PSE 肉)或暗褐色(DFD 肉)。

2. 评定时间 猪被宰杀后 2 小时之内。

3. 试样部位 左半胴体胸腰椎连接部背最长肌横断面,即眼肌处,评定时切取新鲜断面。

4. 评定方法 采用目测评分法,于白天室内正常光照下评定,不允许阳光直射试样,也不允许在黑暗处评定。

5. 评分标准 按 5 级分制标准肉色评分图评分:1 分为灰白色(PSE 肉色),2 分为轻度灰白色(倾向 PSE 肉色),3 分为鲜红色(正常肉色),4 分为深红色(正常肉色),5 分为暗褐色(DFD 肉色)。

加拿大也采用 5 级分制评定,所不同的是采用肉色标准和组织标准同时进行评定,另外是取冷却肉样,即宰后 24 小时后评定,加拿大的评分标准如表 4-3。

表 4-3 加拿大猪肉评分标准

分 值	肉色标准	组织标准
1 分	灰白	松软、大量渗水
2 分	轻度灰白	较松软、渗水
3 分	正常(鲜红色)	正常
4 分	深红色	较坚硬、干燥
5 分	暗褐色	坚硬、干燥

猪肌肉的颜色和组织的上述变化是发生在肌肉中的特殊生化反应的结果,且这种变化在宰后可以持续数小时,因此,肉质的客观评分取冷却肉样的道理就在于此。另外,肉色的变化范围是从灰白色到暗褐色。但是必须注意到,由于不同肌肉组织的功能不同,在同一胴体上肌肉间甚至同一肌肉都可以观察到一定的颜色变化,即所谓的"双色"效应。因此,在评分时,应当考虑这些因素。

日本采用 6 级分制评分,1 分为灰白色(PSE 肉色),2 分为轻度灰白色(倾向 PSE 肉色),3 分为鲜红色(正常肉色),4 分为深红色略深于 3 分，5、6 分为暗褐色（DFD 肉色），5 分较 6 分的颜色略浅。

（二）肌肉 pH

宰后肌肉活动的能量来源主要依赖于糖原的酵解和磷酸、肌酸的分解，前者的产物是乳酸，后者的产物是磷酸和肌酐。这些酸性物质在肌肉内沉积，导致肌肉 pH 从活体时的 7.3 左右开始下降，其下降速度与肌肉中某些酶系（如糖酵解酶系等）的活性、遗传基础、应激敏感性、宰前处理和屠宰条件等有关。因此，其评定方法包括肌肉中糖原含量的测定（把肌肉放在碱性溶液中浸提后用乙醇沉淀，溶解后用硫酸蒽酮法定量）和肌肉内乳酸含量的测定（在肌肉匀浆液中加入高氯酸制成无蛋白滤液后，用 LDL 氧化法测定）等方法。然而，最简便快速的方法仍是 pH 测定法。

1. 原理 肌肉 pH 是反应猪屠宰后肌糖原酵解速率的重要指标，也是判定生理正常肉质或异常肉质（PSE 或 DFD 肉）的依据。

2. 仪器 普通酸度（pH）计。

3. 试样部位 在左半胴体倒数第三根肋骨部距背中线约 6 厘米处切开皮肤与脂肪，切取背最长肌。试样宽度和厚度均应不小于 3 厘米。

4. 测定时间 宰杀后 45 分钟内测定的 pH，记录为 pH_1；宰杀后 24 小时测得的 pH，记录为 pH_{24} 或 pH_2。

5. 测定方法 按 pH 计使用说明，将电极直接插入肉样，插入深度不小于 1 厘米，测定 pH_1 值后，将肉样保存在 4℃左右的冰箱中，以备测定 pH_{24}。

6. 判定标准 正常肉质的 pH_1 变动在 6～6.7 之间。当 pH_1 小于 5.9 时，同时伴有肉色灰白、肌肉组织松软和大量渗水征状，可判定为 PSE 肉。当 pH_{24} 大于 6 时，又伴有肉色暗褐、组织坚硬和表面干燥征状，可判定为 DFD 肉。

（三）系水力

研究结果表明，肌肉中水分约占 70%。在通常情况下，肌肉中的水分以水化水、非活动自由水及自由水的形式存在。其中水化水约占5%，这部分水相当稳定；非活动自由水约占80%，活动相当有限，只有当肌肉蛋白质变性或有外力作用时才发生变化；自由水约占15%，活动自由且较易失去。因此，Gauregul 等(1981)建议用系水潜能，可榨出水分和自由滴水来区分不同性质的系水力。其遗传力约为0.65，测定方法如下。

1. 重量加压法

(1)原理　肌肉受外力作用时保持其原有水分和添加水分的能力称肌肉的系水力。它影响肌肉的风味、多汁性、嫩度、颜色、加工与贮藏性能。

(2)仪器　经改装的应变式无侧限压力仪(WW-2A型)、圆形取样器、中速定性分析滤纸。

(3)试样部位与大小　左半胴体第二至第三腰椎处背最长肌，在硬橡胶板上切取厚度为1厘米的肉片，再用直径为2.523厘米的圆形取样器(圆面积约为5厘米^2)切取供试肉样。

(4)测定时间　宰杀后2小时。

(5)测定方法　用感应量为0.01克的天平称取供试肉样(W_1)。在肉样上下方各覆盖一层医用纱布，纱布外各垫18层化学定性分析滤纸，滤纸外各垫一层硬质书写用塑料垫板，然后将垫好的肉样放置于压力仪的平台上，用匀速缓慢摇压力仪的摇把，使平台上升直至压力计百分表上显示出相当于35千克的读数为止并保持此压力为5分钟，然后迅速撤除压力，取出被压肉样并立即用天平称重(W_2)。

(6)测定结果的计算　计算公式如下：

$$\text{肌肉失水率}(\%)=\frac{W_1-W_2}{W_1}\times100\%$$

式中：W_1 为压前肉样重(克)，W_2 为压后肉样重(克)或称肉样失水重。

若需计算系水力时，则在测定失水率的同时，取绞碎肉样测定其水分含量，依下式计算其相应的系水力。

$$\text{系水力}(\%)=1-100\%\times\frac{(\text{压前肉样重}-\text{压后肉样重})}{\text{压前肉样重}\times\text{该肉样水分含量}}$$

2. 滴水损失法

(1)原理　在不施加其他任何外力而只受重力作用的条件下，肌肉蛋白质系统在测定时的液体损失量，称为滴水损失，它与肌肉的系水力呈负相关，可作为度量肌肉系水力的指标。

(2)仪器　冰箱、天平、聚乙烯薄膜袋。

(3)试样部位与大小　取左半胴体第四至第五腰椎背最长肌，将试样修整为长×宽×高为50×30×20(毫米)的肉片。

(4)测定时间　宰杀后2小时取样，在冰箱冷藏层存放24小时后称重。

(5)测定方法　将修整好的试样置于感应量为0.01克的天平上称重(W_1)，用铁丝钩住肉样一端，使肌纤维垂直向下吊挂于充气的聚乙烯薄膜袋中，扎紧袋口，避免肉样与袋壁接触，吊挂于冰箱中，2℃～4℃条件下贮存24小时，然后取出试样并称重(W_2)。

(6)测定结果的计算　计算公式为：

$$\text{滴水损失}(\%)=\frac{W_1-W_2}{W_1}\times 100\%$$

式中：W_1为贮存前试样重(克)，W_2为贮存后试样重(克)。

每个肉样取2个平行样，用平均值表示之。无论是失水率还是滴水损失，其值越高，则系水力越差。

(四)大理石纹

1. 原理　肌肉大理石纹指可见的肌内脂肪，它的含量和分布状况与肌肉的多汁性、嫩度和滋味密切相关。

2. 试样部位　左半胴体最末胸椎与第一腰椎连接部的背最长肌横切面(眼肌)。

3. 测定时间　试样在冰箱冷藏层4℃条件下存放24小时后评定。

4. 测定方法　对照肌肉大理石纹评分标准图，用目测评分法评定。

5. 评定标准　按5级分制评定。

1分：肌内脂肪呈极微量分布。2分：肌内脂肪呈微量分布。3

分：肌内脂肪呈适量分布。4 分：肌内脂肪呈较多量分布。5 分：肌内脂肪呈过多量分布。

以 3 分为理想分布，2 分和 4 分为尚理想分布，1 分和 5 分为非理想分布。

(五)熟 肉 率

1. 原 理 肌肉受热之后，其组成成分发生一系列物理和化学变化，产生重量损失，对度量烹煮损失有实际经济意义。

2. 仪 器 1 500 瓦电炉、铝锅、感应量为 0.1 克的天平。

3. 试 样 部 位 左右两侧的腰大肌。

4. 测 定 时 间 宰杀后 2 小时。

5. 测 定 方 法 将左右两侧的腰大肌合并称重(W_1)，然后放置于盛沸水的铝锅蒸屉上，加盖，置于 1 500 瓦电炉上加热 30 分钟，取出蒸熟肉样，用铁丝钩住吊挂于室内阴凉处，冷却 20 分钟再称量熟肉重(W_2)。

6. 测 定 结 果 的 计 算 计算公式为：

$$熟肉率(\%)=\frac{W_2}{W_1}\times 100$$

式中：W_1 为蒸前试样重(克)，W_2 为蒸后试样重(克)。

(六)嫩 度

研究结果认为，肌肉中的蛋白质大致可分为肌浆蛋白质、结缔组织蛋白质和肌原纤维蛋白质 3 大类。其中结缔组织蛋白质和肌原纤维蛋白质对肌肉嫩度有较大影响。因为结缔组织蛋白质在加热过程中可以凝胶化，其胶联度随年龄的增加而加强；肌原纤维蛋白质在尸僵过程中能形成牢固的嵌合结构，尸僵发生得越早，这种嵌合结构越牢固，尸僵程度越高，对嫩度的影响越明显。因此，嫩度的评定方法，主要有主观评定和客观评定。影响肌肉嫩度的因素主要有遗传、营养因素、年龄等。其遗传力约为 0.40。

1. 原 理 食用嫩度是人们对肌肉结构特征的总概括，是消费者最为重视的食用品质之一。通过主观或客观的方法评定嫩度可以反映肌肉蛋白质结构定性及其在一系列因素作用下发生的变性、凝集和水解程度以及在食用时人们口感优劣程度。

2. 仪器 肌肉嫩度计、圆形取样器、冰箱、恒温水浴锅、温度计。

3. 试样部位 腰大肌和半膜肌的中心部位。

4. 试样前处理方法 宰杀后3小时剥离腰大肌和半膜肌，除去肌膜外附着的脂肪，将肌肉装入清洁的聚乙烯薄膜袋中，然后放置于冰箱内，在0℃～4℃条件下熟化96小时。取出经熟化的肌肉在室温下放置15分钟，然后打开肉袋，用直径约为0.5厘米的玻璃温度计插入肌肉中心部位，再扎好袋口，使袋口向上放入30℃恒温水浴锅中，加盖持续加热，直至肌肉中心温度达到70℃时为止。然后取出肉样，用自来水冲洗片刻以降温，置室温下使肌肉冷却到20℃。

5. 试样大小 按与肌纤维呈垂直的方向切取1.5厘米厚的肉块，再用直径为1.27厘米的圆形取样器顺肌纤维方向切取肉样。

6. 测定方法 将供试肉样按肌纤维走向横放在嫩度计剪切片的三角孔底部，用手扶平，启动仪器升降按钮使处于下降位置，再按动工作按钮进行剪切操作，记录表盘上副阵所指示的读数，即剪切力值(千克)。

7. 测定结果 每种试样平行做10个重复，计算10次测定值的算术平均数作为该试样的平均剪切力值。

试样平均剪切力值越高表示肉样越老，剪切力值越低，则越嫩。

(七)肌内脂肪

肌内脂肪主要以甘油酯、游离脂肪酸及游离甘油等形式存在于肌纤维、肌原纤维内或它们之间，其含量及分布因品种、年龄及肌肉部位等因素而异。其遗传力为0.20～0.40。

1. 试样部位 左半胴体第三至第五腰椎处背最长肌中心部位取样100克。

2. 取样时间 宰后2～3小时内，取样后立即准确称重，以免水分损失。如不能立即分析，应保存于冰箱中。

3. 测定方法

(1)干样脂肪含量测定法——索氏法　称干样 5 克左右，准确至 0.0002 克于已编号的中速滤纸中包好，放入称量瓶或铝盒中微开盖，在 105℃±2℃烘箱中烘 2 小时，置干燥器内冷却至室温后称重记为 W_1。将滤纸包放入索氏抽提器内，加入 60～100 毫升无水乙醚，置 60℃～75℃水浴锅或沙浴锅上加热，打开冷却水笼头，使乙醚回流次数保持在 10 次/小时左右，抽提 6～8 小时后，从抽提管中取数滴乙醚于表面皿上，若完全挥发不留油迹，则说明抽提完毕，用长颈镊将滤包取出，置通风处让乙醚充分挥发后，置原称量瓶内在 105℃±2℃烘箱中烘 1 小时，干燥器中冷却至室温称重，然后再烘 30 分钟，同样冷却后称重，直到恒重(前后 2 次重量之差小于 0.001 克)，并记为 W_2。以下式计算测定结果：

$$肌内脂肪(\%)=100\times(W_1-W_2)/样品重(克)$$

(2)鲜样测定法——甲醇氯仿法　称取匀化肉样 10 克，记为 W_1，置研钵中分次加入甲醇研磨至甲醇总量达 60 毫升，研磨液倾入 250 毫升具塞三角瓶内，然后分次加入氯仿研磨至氯仿总量达 90 毫升，研磨液倒入同一三角瓶内，最后用少量甲醇和氯仿洗涤研钵，洗液一并倒入三角瓶内(残渣也倒入三角瓶内)，或将匀化肉样置棕色广口瓶内，先加入 60 毫升甲醇，置磁力搅拌器上搅拌 1 小时，再加入 90 毫升氯仿，继续搅拌 1 小时后静置过夜。静置时间不少于 24 小时。用中速定量滤纸过滤于筒形刻度分液漏斗内，用少量的甲醇和氯仿洗涤残渣至洗液无残迹，加入 30 毫升蒸馏水，旋摇约 1 分钟后静置分层，上层为甲醇——水层，下层为氯仿——脂肪层，记录下层体积为 V_1。用 50 毫升洁净知重的烧杯取下层液 50.0 毫升，记为 V_2，将此烧杯置加热板或沙浴锅上加热，使氯仿挥发后将烧杯置烘箱中，在 105℃±2℃烘 1 小时，称重记为 W_2，然后根据下式计算肌内脂肪含量。

$$肌内脂肪(\%)=100\times\frac{(W_2-烧杯重)}{(W_1\times V_2/V_1)}$$

一般引进猪种瘦肉率高，肌内脂肪含量低，我国地方猪种肌内脂肪含量较高，如莱芜猪；培育品种在引进猪种和地方猪种之间。

(八)香　味

肉与其他任何食品的味一样都是通过人的嗅觉和味觉感知的。一系列挥发性物质刺激鼻黏膜和水溶性、脂溶性物质刺激味蕾对感知肉香味起主要作用，但肉的纹理、嫩度和多汁性对口腔的物理刺激所产生的口感也对肉味起一定作用。因此，肉香味的广义定义是人的嗅觉、味觉和触觉的复合感觉反应。

关于肉香味的来源有两种不同的观点：一是瘦肉起源说，认为香味是来自瘦肉中水溶性香味前体物质在加热时产生的，脂质不能产生对肉香味有特殊作用的氮、硫的芳香类化合物（Chang 和 Petterson，1977）；另一种是脂肪起源说，认为香味来自脂肪而不是瘦肉。如将不同物种的动物纯瘦肉加热，则难以鉴别出牛、羊和猪肉，如将脂肪加热则产生出不同物种间特有的香味差异（Hornstein 和 Crowe，1960，1963）。

随着科学技术的发展和分析手段的进步，尤其是气液相色谱、质谱仪的应用，已鉴定出与肉味相关的化合物好几百种。而肉香味化合物产生主要有 3 个途径（陈润生，1988）：①氨基酸与还原糖间的迈拉德反应（Maillard reaction）。②蛋白质、游离氨基酸、糖类、核苷酸等生物物质的热降解。③脂肪的氧化作用。

在上述 3 种途径中迈拉德反应最重要。法国化学家 Maillard 在 1912 年发现，把氨基酸和葡萄糖的混合液加热，颜色变成棕褐色。后来研究查明，该反应首先是由氨基酸的氨基和还原糖（醛基）中的羰基发生反应生产醛糖胺，在经过分子重排作用形成氨基脱氧酮糖，亦称阿马都利化合物（Amadori compounds），即香味前体物，它本身没有挥发性，也没有香味，但在加热过程中它会进一步降解，生产多种挥发性香味化合物（呋喃酮、呋喃醇等含氧杂环化合物）。已经查明，在最终产物类黑色素形成以前由于氨基酸与糖的反应生成无数中间产物，如脂肪族醛和酮、吡嗪、吡啶、吡咯、呋喃、噻唑、噻吩等对于肉香味起极其重要的作用。

(九)化学成分

1. 取样部位　左半胴体第三至第五腰椎处背最长肌中心部位取样 100 克。

2. 取样时间　宰后 2～3 小时内，取样后立即准确称重，以免水分损失。如不能立即分析，应保存于冰箱中。

3. 方法　按常规肉脂化学成分分析方法测定水分、粗蛋白质和灰分量。

4. 计算方法　按各种营养成分占鲜肉样重量的百分数表示。

以上 9 项指标中除香味和化学成分外都是“瘦肉型猪肉质评定方法”所规定的。

二、正常与异常肉质的判定

肉质的优劣是通过许多肉质指标来判定的，如 pH、肉色、系水力、嫩度、风味等指标。PSE 肉（灰白、柔软、渗水）和 DFD 肉（暗黑、坚硬、干燥），是由于肌糖原分解过度（PSE）或是屠宰前肌糖原缺乏（DFD）导致的。以下为各种肉质的简易判断方法。

正常肉质：宰后 45 分钟背最长肌的 pH_1 在 6 以上，肌肉颜色评为 3 分或 4 分，系水率较高，滴水损失较低，肌肉表面无水分渗出和干燥现象。

PSE 肉：PSE 肉呈灰白色，质地松软，用手指就能穿透，通常有“煮过”的外观，该现象在眼肌特别明显，尤其是腹侧表面；其次是腿臀肉，尤其是大腿的外侧。典型 PSE 肉的眼肌横断面有一个浅灰色的“面团样”外观。判定依据：宰后 45 分钟背最长肌的 pH_1 小于 5.8，肉色评分为 1 分或 2 分，肌肉系水率较低，滴水损失较高，肌肉表面有明显渗水现象，肌肉质地柔软。

DFD 肉：DFD 肉一般呈深红或暗褐色，质地坚硬呈“冻肉样”，或大多数情况呈橡胶样，颜色虽有深浅之别，但共同点是发暗，肌肉表面干燥，用手触摸有发黏的感觉。判定依据：宰后 24 小时背最长肌的 pH_{24} 在 6 以上，肉色评分为 5 分，肌肉表面干燥和质地坚硬。

PSE肉：屠宰后24小时后臀处测定的导电性(LF_2)，反映肌肉系水力，就可以验证PSE肉，临界值为>5。

第四节　影响肉质评定的因素

一、宰前处理对肉质的影响

(一)运输方式和时间

大量研究结果表明，运输形式和运输时间显著地影响肉质。据报道，用厢式货车与装有防滑地板和通风设施的货车运输的猪，宰后在肉质上存在差异，厢式货车可能给猪更多的应激如打斗、刹车和启动时的惊吓等而消耗体内储能，导致宰后pH_2偏高，发生DFD肉的概率增大。同时也受运输时间的影响，运输30分钟肌肉的颜色差、pH_2低、系水力低，PSE肉的发生率达24.2%，运输80分钟后则不同，PSE肉的发生率仅为6.4%。

(二)宰前监禁

据研究，监禁时间对肉质有明显影响，且与是否饲喂有关。宰后肌肉中所贮备能量的高低对肉质有显著的影响。一般而言，猪的能量来源主要依靠日粮，所摄入的能量除用于维持生长发育、生命活动等外，剩余部分转化为糖原或脂肪储存在体内，在日粮不足或缺乏时，则动用储能来维持生命活动。因此当猪不饲喂监禁或运输时，体内储能被部分消耗，导致宰前肌肉中能量水平较低。因此，在降低PSE肉发生率的同时，提高了DFD肉的发生率。

(三)击昏方式

大量研究结果表明，不同击昏方式对猪的肉质有明显影响。击昏方式主要包括电击昏，二氧化碳击昏和不击昏等，其中电击昏又包括低压低频如60V、50Hz，125V、50Hz等，高压低频如700V、50～60Hz，300V、50～60Hz等，低压高频如85V、3 000Hz，75～85V，5 000Hz等。研究表明，低频无论高压还是低压，PSE肉的发生率都较低压高频的高，二氧化碳击昏的PSE肉发生率较电击昏的低。

二、屠宰条件对肉质的影响

屠宰条件主要包括烫毛水温与时间、开膛去内脏时间及自来水冲淋时间等。一般认为，较高的烫毛水温和较长的烫毛时间，可导致屠体温度上升，使机体原有的代谢功能加强而影响到肉质。

(一)烫毛水温与时间

一般来说，烫毛水温宜控制在 60℃～65℃，并随外界气温变化而变化，夏季以 60℃～62℃为宜，冬季以 62℃～65℃为宜。烫毛时间与烫毛水温有关，水温高，烫毛时间相对较短，一般烫毛时间为 3～5 分钟。烫毛时间过长，易造成较高的屠体温度而影响肉质。

(二)胴体温度

胴体温度受烫毛水温、烫毛时间，剃毛时是否用冷水淋洗，开膛前后是否用冷水淋洗等因素的影响。据报道，胴体稳定对肉质有明显影响。当胴体温度高于 38.5℃时，$pH_1 < 5.9$ 的比例明显增高，即 PSE 肉的发生率增大。胴体温度较高时，肉质明显变劣，pH_1 降低，肉色变白，系水力降低，PSE 肉的发生率提高。因此，宰后 30 分钟，宜用冷水反复冲淋，使胴体温度降至 35℃左右，即较正常生理体温低 2℃～3℃，以降低机体的能量代谢速度，减少劣质肉的发生。

三、其他影响因素

影响肉质的其他因素还有品种、评定方法，判定标准和外界气温等。一般认为，品种不同肉质性质间存在差异，其遗传力也存在差异。评定方法和劣质肉评判标准因国家或地区而异。这与人们长期形成的消费习惯有关。

外界气温对肌肉的水分含量和滴水损失有明显影响，当外界气温从 20℃升至 30℃时，总水分损失为 2%～4%，屠宰当天较适宜的温度可能是 10℃～15℃，在这个温度范围内，总水分的损失率最小。

第五节　提高猪胴体性能与肉品质的营养新技术

一、屠宰前清除饲料中的矿物质

矿物质是肥育猪生长不可缺少的营养成分，尤其是高铜具有促进生长和抑菌作用。生产中，钙、磷、铜、铁、锌、锰、硒、碘等矿物质的剂量总是超标准添加，由于畜禽排泄物质的大量排放，造成环境严重污染，致使土壤中磷、铜严重超标，同时由于其在猪体内的残留，猪肉产品也十分不安全，影响人们身体健康。武英等(2004)试验表明，屠宰前 10～20 天饲料中停止添加矿物质和抗生素，不影响猪的生长速度和瘦肉率，而且有利于肉质的改善，试验猪的肉色、大理石纹、pH、肌内脂肪含量、熟肉率和肌纤维直径等肉质指标优于对照组。所以，屠宰前清除饲料中的矿物质和抗生素不仅减轻环境污染，而且有利于提高猪肉的品质。

二、甜菜碱对猪胴体及肉质影响

甜菜碱是一种季胺型生物碱，无毒、无害，且性质稳定，多次研究表明，甜菜碱可以促进肥育猪生长，改善饲料利用率，降低背膘厚，减少胴体脂肪沉积，增大眼肌面积和提高瘦肉率。

邢军等(1999)研究表明，在饲粮中添加 0.15%的甜菜碱，试验组比对照组背膘厚降低 12.6%，眼肌面积提高 26.1%，瘦肉率提高 1.91 个百分点($p<0.05$)，板油率降低 0.57 个百分点，差异极显著($p<0.01$)。马玉龙等(2000)研究表明，饲粮中添加 1 000 毫克/千克甜菜碱可使肥育猪胴体瘦肉率提高 8.92%($P<0.01$)，脂肪率降低 16.62 %($P<0.01$)，板油重降低 16.06 %($P<0.01$)，眼肌面积增大 10.85 %($P<0.01$)，平均背膘厚度降低 16.19 %($P<0.05$)。许梓荣等(1998)、汪以真等(1998)系统地研究了甜菜碱对不同生长阶段杜长大猪胴体组成的影响。结果表明：①在每千克饲粮中添加 1 000 毫克、1 250 毫克、

1 500 毫克和 1 750 毫克甜菜碱均能显著提高肥育猪的胴体瘦肉率和眼肌面积，均能显著降低胴体脂肪、背膘厚和板油重。甜菜碱在提高肥育猪胴体瘦肉率和降低脂肪率方面也存在着性别差异，小母猪优于阉公猪。②饲粮中添加1 000毫克/千克甜菜碱明显提高生长猪的胴体瘦肉率和眼肌面积，显著降低了背膘厚和板油重。③添加 800 毫克/千克甜菜碱组明显提高了仔猪胴体瘦肉率，但对胴体脂肪和背膘厚未产生显著影响。武英等（2003）研究表明，每千克日粮中添加 500 毫克、1 000 毫克、1 500毫克甜菜碱，眼肌面积分别增大 10.505、6.54、12.915（$p<0.05$）厘米^2；瘦肉率分别提高 5.355、5.055、4.415 个百分点。

邢军等（1999）研究表明，试验组熟肉率比对照组提高 6.46 个百分点；背最长肌纤维直径，试验组比对照组高出 16.3 个百分点。汪以真等（2000）研究表明甜菜碱明显提高了背最长肌肌红蛋白、粗脂肪和肌苷酸以及肌肉大理石纹的评分，其中 1 750 毫克/千克甜菜碱使猪背最长肌肌红蛋白含量提高了 14.80%（$p<0.01$），背最长肌粗脂肪含量提高了 18.45%（$p<0.01$），背最长肌肌苷酸含量提高 21.97%（$p<0.01$）。武英等（2005）研究表明，日粮中添加 500 毫克/千克、1 000 毫克/千克、1 500 毫克/千克甜菜碱，可使杜莱肥育猪肌肉大理石纹评分提高 9.09%～18.18%，肌肉颜色评分升高14.55 %～27.27%，肌内脂肪提高 2.7%～67.57%。

大量研究表明，日粮中添加甜菜碱饲喂肥育猪，可显著降低猪的胴体脂肪率、提高胴体瘦肉率。而且，甜菜碱还可通过提高猪肉中肌红蛋白、肌肉脂肪和肌苷酸的含量而有效改善猪肉的色泽，提高肉的嫩度、多汁性和香味。

三、肉毒碱对猪胴体肉品质的影响

肉毒碱又叫肉碱，是一种类维生素的营养物质。肉碱有左（L）旋型和右（D）旋型两种异构体，在动物体内有生理作用的只有 L-肉碱。猪从天然饲料中摄入的左旋肉碱含量变化很大，平均为 10 毫克/千克。随着养猪业的高度集约化，为满足其繁殖和快速生长的需要，天然饲料中摄入的左旋肉碱已远远不能满足猪的营养需要，因此，它作为一种新型饲料添加剂，具有广阔的应用前景。

在商品猪日粮中添加 L-肉碱已成为提高胴体瘦肉率和肉质的途径之一。Newton 等(1992)报道，在平均体重为 74.6 千克的商品猪日粮中添加 5 毫克/千克 L-肉碱，饲喂 35 天后平均日增重比对照组提高 3.61%，料重比下降 4.62%，效果明显，而且背膘厚有所下降，商品猪添加 10 毫克/千克 L-肉碱可提前 2 天达到屠宰重。Owen 等(1994)报道，L-肉碱对肥育猪的眼肌面积和胴体背膘厚有明显的正效应，最佳添加量为 50 毫克/千克。余佳胜等(1999)报道，饲料中添加 L-肉碱可改善饲料转化率，显著提高肥育猪日增重，降低背部脂肪，增加瘦肉率。

四、共轭亚油酸对猪胴体肉品质的影响

共轭亚油酸(conjugated linoleic acid，CLA)是一类含共轭双键的 18 碳脂肪酸的总称，是指与亚油酸(LA)的不饱和双键位置和空间构型不同的一类脂肪酸同分异构体的混合物，因其同时含有反式双键和共轭双键而具有多种有益的生理功能。早期大量医学研究证明，共轭亚油酸具有抗癌、抗动脉粥样硬化、降低胆固醇、抗氧化、防止糖尿病、缓和免疫副作用等多种生理功能。近年来，随着合成共轭亚油酸成本的降低，国内外研究者开始探索其在畜禽生产中的应用效果，并发现共轭亚油酸可改善饲料利用率，减少脂肪沉积，提高瘦肉率，改善动物产品品质，调节动物免疫功能。

作为饲料添加剂，在猪日粮中添加 CLA 能明显改善猪的胴体组成，降低脂肪沉积，提高胴体瘦肉率，改善胴体脂肪酸的组成。同时，增加猪肉的 CLA 含量，有益于人类健康，不存在任何残留问题。CLA 还能提高猪肉产品的色泽，增加大理石纹评分，提高肌内脂肪含量，延长肉品贮存期，从而改善猪肉品质。

五、半胱胺对猪胴体肉品质的影响

半胱胺(Cysteamine，CS)，又称 β-巯基乙胺，相当于半胱氨酸

的脱羧产物，是乙酸辅酶 A 的组成部分，因其含有活性的巯基和氨基而具有多种生物功能，是动物体内的生物活性物质，具有重要的生理作用。CS 不宜直接饲喂动物，CS 在空气中易被氧化，且具有裸露的$-NH_2$，可采用物理包被制备成微胶囊，改善其适口性；CS 在胃肠道中有较高的稳定性，因此可以口服。许多研究表明，不同剂量的半胱胺对消化道黏膜的作用完全不同，高剂量的半胱胺可使胃液 pH 下降，从而引起溃疡，而低剂量半胱胺却对消化道黏膜有保护作用。因此，使用半胱胺作生长促进剂时，选择适宜的剂量十分重要。一般情况下，CS 的适宜添加量在 80～100 毫克/千克・BW(BW 为代谢体重)。

日粮中添加 CS 可提高肥育猪的胴体瘦肉率、骨骼比率和眼肌面积，降低 3 点背膘厚和脂肪比率，改善肌肉的颜色和嫩度，从而改善猪胴体品质和肉质。

六、维生素类添加剂的科学使用

研究表明，日粮中添加维生素能明显改善肉的质量，其中维生素 E、维生素 B、维生素 C、维生素 D 和生物素对肉品质的影响尤为显著。

(一)维生素 E 对猪肉品质的影响

维生素 E(VE)又称生育酚，是指所有具有 α-生育酚活性的生育酚和三烯生育酚及其衍生物的总称。其中 α-生育酚的维生素 E 活性最高。维生素 E 是一种具有高度热稳定性的膜抗氧化剂(Machla，1984)，因此可用作烹煮食品的抗氧化剂(Faustman 等，1989b)。维生素 E 通常以 α-生育酚醋酸酯的形式配入饲粮，在胃肠道经脱酯化作用被吸收后才能作为抗氧化剂发挥作用。

维生素 E 对猪肉品质的改善是近年来研究的热点。由于维生素 E 具有抗氧化作用，可保持细胞膜的完整性(Close，1997)。维生素 E 还能有效抑制猪肉中高铁血红蛋白的形成，增强氧合血红蛋白的稳定性，从而延长鲜肉理想肉色的保存时间。Rosson 认为，在猪日粮中添加维生素 E，一方面能降低脂肪的氧化(即降低酸败率）和水分的流失（即煮之前或煮的过程中水分的流失）；另一方面能改善肉的色泽及其货架寿命。而且当日粮中的添加量高于NRC（1998）的最低推荐值的时候，维生素E还能提高平均日增重和饲料转化效率。并建议使用天然维生素E，原因是天然维生素E的吸收率是合成维生素E的2倍，且能很好地保存在组织中。李绍华等（2002）向肥育猪日粮中添加0（对照组）、100、200和300毫克/千克维生素E，研究其对肉质的影响。结果表明，添加维生素E的试验组的肉色优于对照组，且随着维生素E添加量的增加，肉色有变好的趋势。鲜肉在4℃条件下保存24小时，其肉色的褪色率试验组小于对照组，表明维生素E能改善肉色，对肉色有保护作用。

（二）维生素B对猪肉品质的影响

维生素B_2即核黄素，是氨基酸代谢和脂肪代谢的必需成分。它对肉质有潜在的影响。大量的研究表明，沉积等量蛋白质所需的核黄素的量比沉积等量脂肪高6倍。这表明，瘦肉沉积得越多所需的核黄素的量越大。武英等（2005）试验表明，3倍于NRC的试验组与对照和2倍于NRC的试验组比较，眼肌面积分别增加15.33厘米^{2}和10.55厘米^2，组间差异显著（$p<0.05$）；瘦肉率分别提高2.61和3.15个百分点，组间差异不显著；肌内脂肪提高0.69和0.87个百分点。美国最近的试验结果证实，对于具有遗传性高瘦肉生长率猪而言，将其日粮中B族维生素的添加率增高为美国养猪业通常添加率的3倍，可使瘦肉生长率达到最佳。

（三）维生素C对猪肉品质的影响

维生素C参与体内的抗氧化反应，并具有抗应激、减缓猪屠宰后pH下降速度的功效。据王作强（1998）报道，维生素C具有一定的抗氧化性，因而可以防止脂肪的氧化，提高猪肉品质。同时维生素C具有防止猪屠宰应激的作用，而应激易感性和PSE有很强的关系。试验表明，猪日粮中补充大量的维生素C能够减缓屠宰后肌肉pH值的下降速度，改善猪肉品质。日粮中添加250毫克/千克的维生素C可以改善猪肉的pH值和颜色，并减少PSE

肉的发生(Rajic,1976;Moumt,1992)。爱阿华州立大学的研究者发现,维生素C平均单次饲喂量290毫克(即 783×10^{-6})对猪肉水分的保留、色泽和色泽的稳定性有改善作用。日粮中的维生素C不影响肉中维生素C的水平,但可通过促进膜中维生素E自由基的再利用而提高维生素E的抗氧化活性(Bisby,1996)。

宋育等(1995)报道,在集约化猪场,为保证和改进猪的生产性能,日粮中可添加200毫克/千克维生素C。法国国立农业研究院Gille猪研究站的研究人员认为,饲料中补充大量的维生素C对瘦肉品质有明显影响。宰后24小时测得的pH随剂量的增加而增加,日粮中添加500毫克/千克维生素C组肉色较对照组深。刘春华(1982)也有类似报道,日粮中添加500毫克/千克维生素C组的猪肉比不加维生素C组的猪肉色深且pH高。陈代文(1996)报道,PSE表现程度可通过营养手段加以调节,为了减少PSE肉的发生率,猪日粮中维生素C添加量要大于50毫克/千克。

(四)维生素D对猪肉品质的影响

维生素D的主要功能是提高血浆中钙、磷水平以保证骨骼的正常钙化。此外,有研究表明,维生素 D_3 可改善猪肉品质。其原理是通过提高骨骼肌中钙的含量而激活肌原纤维降解酶,提高了肌肉的嫩度。Enright等(1998)的试验表明,给屠宰前10天的肥育猪饲喂高水平维生素 D_3,显著提高了肉色和系水力。

(五)生物素对猪肉品质的影响

在脂肪合成中,生物素是形成丙二酸单辅酰酶A以及亚油酸和亚麻油酸延长到20~22碳必需脂肪酸所必需。因此,缺乏生物素时,饱和脂肪酸转化为不饱和脂肪酸,猪肉中会积蓄亚油酸和亚麻油酸,从而产生质地柔软的油性背膘(Buehmann,1975)。生长猪日粮中添加生物素能够提高猪肉脂肪的饱和度和硬度(Figg,1977)。

朱钦龙(1998)报道,在试验猪日粮中添加生物素500微克/千克和维生素E 200毫克/千克,比较体重30~105千克和60~105千克添加期的效果。结果显示,试验组背脂肪内层和肌肉中的不饱和脂肪酸浓度低。从血清、背脂肪内层和肌肉中的维生素 E 浓度及经济效益看，最适添加期为体重 60～105 千克。同时还进行了生物素和维生素 E 的不同添加剂量对肉质的影响研究，对照组饲喂以玉米为主的配合饲料，试验组在配合饲料中添加生物素（微克/千克）和维生素 E（毫克/千克）的量分别是 300 和 200、100 和 100、700 和 400、500 和 300 共 4 个组合。结果表明，对于肌肉冷藏后的红色度变化，以 300 和 200、500 和 300 试验组的褪色率为最小；肌肉保存后的过氧化脂质量以添加生物素 300 微克/千克和维生素 E 200 毫克/千克组为最少。

七、屠宰前日粮中添加镁

饲料中添加镁对降低应激和“PSE”肉发生率有效果。镁离子是许多酶和代谢系统的辅助因子。由于镁离子能够降低神经突触前末梢的钙离子浓度，防止囊泡的泡外分泌，而囊泡内含有乙酰胆碱，当乙酰胆碱的分泌降低时，神经突触的连接降低，骨骼肌的活动降低。同时镁离子能够降低神经末梢和肾上腺中儿茶酚胺（去甲肾上腺素和肾上腺素）的分泌。由于儿茶酚胺能够通过合成 cAMP 抑制肌肉中糖原的分解，降低皮质醇、去甲肾上腺素、肾上腺素和多巴胺浓度，从而降低猪的应激，有利于提高肉的品质。

八、饲料中添加色氨酸

屠宰和运输过程中突然的应激会引起脑中枢神经递质的释放，神经受到刺激，释放激素到血液，结果是肌肉代谢受到刺激，造成不良肉质。许多研究已经证明应激使下丘脑复合胺浓度降低。于是人们考虑是否能够通过饲料中添加某种营养元素来提高下丘脑中复合胺的浓度，并以此来减缓应激。对此人们进行了有益的尝试，研究发现当提高日粮中色氨酸浓度时，下丘脑复合胺前体物浓度提高，并且饲料中添加色氨酸能够有效降低由于屠宰前应激引起的 PSE 肉的发生率。

但饲料中添加色氨酸，必须考虑日粮的氨基酸平衡，尤其是色氨酸与亮氨酸、异亮氨酸、缬氨酸、苯丙氨酸和酪氨酸之间的平衡，因为这些氨基酸竞争通过血脑屏障，这无疑限制了色氨酸在饲料中的添加。

九、饲料中添加肌肽

肌肽是由β丙氨酸和组氨酸组成的二肽，广泛存在于哺乳动物和鸟类的肌肉组织中，尤其是在骨骼肌中含量较高。研究表明，肌肽对提高肉的品质有重要作用。日粮中添加0.9克/千克肌肽，能够改善肉色，提高骨骼肌的氧化稳定性，保持肌间脂肪的含量与质量，延长肉品保存的货架期。

第五章 猪场生物安全参数

第一节 猪场兽医卫生防疫规程

一、总 则

第一条 为了预防、控制或消灭猪的传染病（包括寄生虫病，下同），保护养猪生产和人民身体健康，根据国务院颁发《家畜家禽防疫条例》、《动物检疫法》和农业部制定的《家畜家禽防疫条例实施细则》（简称《实施细则》，下同）有关规定特制定本规程。

第二条 本规程所指猪传染病同《实施细则》第三条中规定的有关猪的疾病。

第三条 本规程适用于具有一定规模的养猪场。

第四条 猪场场长及工作人员，必须严格遵守本防疫卫生规程；出现疫情时，场长、兽医及管理人员应强制执行有关措施。

二、场址的选择、建筑和布局

第五条 猪场场址应地势高燥、向阳、通风并有一定的坡度；土质坚实，渗水性强，未被病原微生物污染的砂壤土；水电供应有保证；交通便利，应远离铁路、公路、城镇、居民区和公共场所，距离最好超过 1 000 米；禁止在屠宰场、畜产品加工厂、其他饲养场、垃圾及污水处理场所、风景旅游区建场；场址所在区域猪群密度和场址周围猪群密度尽可能低；场址周围尽可能远离其他猪群（要求直线距离在 2 000～5 000 米）和牛、羊、猫、狗等动物（要求距离500～1 000米）；猪场周围筑有高 2.6～3.0 米的围墙或较宽的绿化隔离带、防疫沟等，注重防疫。

第六条 养猪场要做到生产区与生活区、行政区严格分开。

生产区应设在离生活区、行政区200米以外的上风处。饲料仓库、种猪舍应设在生产区的上风处。根据防疫要求，生产区入口建有更衣消毒室，猪场和生产区入口处有淋浴或消毒设施和登记制度。由于每天出入猪场的人员和物品频繁，因此有必要对进出猪场或生产区的人员和物品实行淋浴或消毒和登记制度，以便对出入猪场的人员和物品进行监督和生物安全风险评估，防止可能的病原进入场内。淋浴间建造在生活区与生产区交界处，划分明确的脏区和净区，淋浴前所有衣物、鞋帽和私人物品在脏区保管，裸体充分淋浴，香波洗发后进入净区穿上生产区专用内外衣物鞋帽进入生产区；同样，走出生产区前必须在淋浴间净区脱去所有生产区专用内外衣鞋帽，充分淋浴后在淋浴间脏区穿上个人衣物进入生活区；生产区专用内外衣物鞋帽必须在生产区清洗消毒后生产区保管；除非得到兽医许可并经过严格消毒，任何私人物品不准进入生产区；物品消毒间应设在场外与场内的交界处，生活区与生产区交界处设立两处消毒间，分别用于进入生活区和生产区物的熏蒸消毒；猪场生活区入口处和生产区入口处（即淋浴间入口处）设置脚浴消毒盆（池）用于脚底消毒。

第七条　猪场应严格执行生产区与生活区、行政区相隔离的原则。人员、动物和物资转运应采取单一流向，猪群的单向流动要遵循不可逆原则，即健康等级高的猪场的猪群可以向低等级猪场流动，同一猪场的猪群只能按照公猪舍→配种舍→妊娠舍→产房→保育舍→肥育舍流动；同样，猪群只能从净区流向脏区。上述的单向流动原则是不可逆的。场内道路布局合理，进料道和出粪道严格分开，防止交叉污染和疫病传播。兽医室、隔离舍、病死猪无害处理间、剖检室和粪便处理场应设在猪场的下风处，离猪舍50米以外。

应设置装猪台，在猪场的生物安全体系中，仅次于场址的重要的生物安全设施，也是直接与外界接触交叉的敏感区域，因此建造出猪台时需考虑以下因素：一是要划分明确的装猪台净区和脏区，猪只只能按照净区→脏区单向流动，生产区工作人员禁止进入脏区；二是装猪台的设计应保证冲洗装猪台的污水不能回流；三是保证装猪台每次使用后能够及时彻底冲洗消毒。猪场应建立隔离观察舍，进场种猪要在隔离圈观察，出场经过用围栏组成的通道，赶进装猪台。装猪台设在生产区的围墙外面。严禁购猪者进入装猪台内选猪，严禁饲养员赶猪上车和多余猪返回舍内。

第八条　生产区是全场的中心，按饲养工艺流程为种公猪舍→空怀母猪舍→妊娠猪舍→分娩舍→保育舍→育成舍，各猪舍之间的距离为 30 米。分娩舍、保育舍应采用高床式栏舍设计。有条件最好采用多点式饲养。“三点式”：即繁殖区（包括种公母猪舍、妊娠舍、产房）、仔猪培育区和肥育区。“两点式”：繁殖区、仔猪保育肥育区，区间距离 50 米。占地面积符合生猪养殖需要，每头能繁母猪占地 40 $米^2$ 以上。每头能繁母猪配套建设 8 $米^2$（销售猪苗）、12 $米^2$（销售活大猪）的栏舍面积，其中母猪区每头能繁母猪配套建设 5.5 $米^2$ 栏舍。

第九条　猪场围墙和大门应使用栅栏或建筑材料建立明确的围墙和大门，且围墙，大门的高度和栅栏的间隙能够阻止猪场以外的人员，动物和车辆进入猪场内；大门随时关闭上锁；在围墙和大门的明显位置，悬挂或张贴“猪场防疫，禁止入内”警示标志。猪场大门入口设置宽与大门相同，长等于进场大型机动车车轮一周半长的水泥结构消毒池。养猪场应备有健全的清洗消毒设施，防止疫病传播，并对养猪场及相应设施如车辆等进行清洗消毒。生产区门口设有更衣、换鞋、洗手、消毒室和淋浴室。猪舍两端出入口处要设置长 1.0 米的消毒池和消毒盆，以供进出入人员脚踏和洗手消毒。猪场的每个消毒池要经常更换消毒液，并保持有效浓度。

第十条　场内应有深水井或自建水塔供全场用水。水质应符合国家规定的卫生标准。猪场要有专门的粪便处理场，粪尿池的容量和处理符合环保要求，防止污染环境。

三、防疫职责

第十一条　猪场兽医防疫卫生管理实行场长负责。场长的职责为：

1. 组织拟定本场兽医防疫卫生计划、规划和各部门的防疫卫生岗位责任制；

2. 按照规定淘汰病猪、疑似传染病猪、隐性感染猪和无饲养价值的猪；

3. 组织实施传染病和寄生虫病的防治和扑灭工作；

4. 对场内职工及家属进行猪场兽医防疫卫生规程宣传教育；

5. 监督场内各部门和职工执行规程。

第十二条　猪场要建立有一定诊断和治疗条件的兽医室，建立健全免疫接种、诊断和病理剖检记录。

第十三条　猪场应根据猪群规模配备具有中专学历以上的兽医技术人员。其职责：

1. 拟定全场的防疫、消毒、检疫、驱虫工作计划，并参与组织实施。定期向主管场长汇报。

2. 配合畜牧技术人员加强猪群的饲养管理、生产性能及生理健康监测。

3. 定期开展主要传染病及免疫监测工作。

4. 定期检查饮水卫生及饲料的加工、贮运是否符合卫生防疫要求。

5. 定期检查猪舍、用具、隔离舍、粪尿处理、猪场环境卫生和消毒情况。

6. 负责防疫、病猪诊治、淘汰、死猪剖检及其无害化处理。

7. 推广兽医研究新成果和新经验，有条件的可结合生产进行必要的科研工作。

8. 建立疫苗领用、保管、免疫注射、消毒、检疫、抗体检测、疾病治疗、淘汰、剖检等各种业务档案。

四、兽医防疫卫生制度

第十四条　要坚持自繁自养的原则，必须引进种猪时，在引进猪只前必须调查产地是否为非疫区，并有产地检疫证明。引入后隔离饲养30天左右，及时注射猪瘟疫苗等。

第十五条 猪场不得饲养禽、犬、猫及其他动物。职工家中不得养猪。

第十六条 严格控制参观猪场，必要时经场长许可，须经洗澡、更换场区工作服、工作鞋并遵守场内防疫制度。

第十七条 场内不准带入可能染疫的畜产品或物品。场内兽医人员不准对外诊疗猪及其他动物的疾病。

第十八条 猪场的每个消毒池要经常更换消毒液，保持有效浓度。

第十九条 生产人员进入生产区，应穿工作服和胶靴，或淋浴后更换衣鞋，工作服应保持清洁，定期消毒。严禁相互串栋。

第二十条 猪场要喂全价配合饲料，禁止饲喂不清洁、发霉或变质的饲料，不得喂泔水，以及未经无害处理的畜禽副产品。

第二十一条 每天坚持打扫猪舍卫生，保持料槽、水槽干净，地面清洁，舍内可用0.2%过氧乙酸或次氯酸钠消毒，每月1～2次。

第二十二条 猪场道路和环境要保持清洁卫生，定期消毒。因地制宜选用高效、低毒、广谱的消毒药品。

第二十三条 每批猪调出后，要严格进行清扫、冲洗和消毒，并空圈5～7天，集约化商品猪场要实行"全进全出"制。

第二十四条 产房要严格消毒，有条件的可进行消毒效果检测，母猪进入产房前进行体表消毒，母猪用0.1%高锰酸钾溶液对外阴和乳房清洗消毒，仔猪断脐带要严格消毒。

第二十五条 提早对仔猪补饲和加喂微量元素、维生素，使用饲料药物添加剂需规定上市前停喂时间。

第二十六条 定期驱除猪的体内、外寄生虫，搞好灭鼠、灭蚊蝇和吸血昆虫等工作。

第二十七条 猪只及其产品出场，须经县以上防疫检疫机构或其委托单位出具检疫证明。出售种猪应包括疫病监测、免疫证明。

五、扑灭疫情

第二十八条　猪发生烈性传染病或传入新传染病时，应采取以下措施：

1. 兽医及时进行诊断、调查疫源，根据疫病种类做好隔离、消毒、紧急防疫、病猪治疗和淘汰等工作，做到早发现、早确诊、早处理，把疫情控制在最小范围内；

2. 发生人兽共患病时，必须同时报告卫生部门，共同采取扑灭措施；

3. 在最后一头病猪淘汰或痊愈后，须经该传染病最长潜伏期的观察，不再出现新病例，并经严格消毒后，可撤销隔离或申请解除封锁。

六、附　则

第二十九条　对在兽医防疫卫生工作中做出成绩的集体和个人，应给予表彰和奖励。

第三十条　对违反本规程而造成严重后果的，应区别情况给予处罚。触犯法律的，应依法追究刑事责任。

第二节　猪场疾病预防与净化

规模化猪场疾病预防与净化的综合性防控体系的建立必须以兽医流行病学、家畜传染病学的基本理论为指导，依据《中华人民共和国动物防疫法》等兽医法律、法规的要求，根据养猪生产的规律，在日常生产中全面系统地对猪群实行保健和疫病管理，这一体系主要包括隔离、消毒、杀虫灭鼠、免疫接种、药物预防、驱虫、诊断与检疫、疾病治疗、疫情扑灭等基本内容。

一、建立健全生物安全体系

生物安全是指预防临床或亚临床疾病发生的一种畜、禽生产安全体系，重点强调环境因素在保证动物健康中所起的决定性作用，也就是让畜、禽生长在最佳状态的生态环境体系中，以便发挥其最佳的生产性能。广义的生物安全则是泛指生命的安全，包括人、畜、禽的舒适、安宁和福利等。狭义的生物安全是针对所有人、畜（禽）病原的，核心是预防病原微生物侵入畜、禽体内并产生危害，是疾病综合防治的重要环节。众所周知，传染源、传播途径和易感动物是传染性疾病形成的3个要素。生物安全就是一种以切断传播途径为主的包括全部良好饲养方式和管理在内的预防疾病发生的良好的生产体系。集约化猪场生物安全体系就是通过各种手段以排除疫病威胁，保护猪群健康，保证猪场正常生产发展，发挥最大生产优势的方法集合体系总称。总体包括：猪场环境控制、猪群的健康管理、饲料营养、饲养管理、卫生防疫，药物保健、免疫监测等几个方面。

二、采用全进全出的饲养方式

"全进全出"式生产工艺已在我国规模化生产的养猪场广泛应用，它应用于流水作业养猪生产流程中。是以同一生长阶段的猪同时进入同一饲养舍饲养，完成本饲养阶段后，在同一时间迁出，转入下一阶段的饲养舍饲养（或出栏上市）的饲养工艺方式称之为"全进全出"的饲养。全进全出的饲养方式，是控制猪场内每栋猪舍（或单元）间和不同生长阶段的猪群间疫病传播的有效手段。新建猪场和老猪场都应按全进全出进行设计和改造。繁殖母猪要调整配种日龄，实行以周为单位同期发情，做到集中产仔，同期断奶，在配种、妊娠、分娩、保育、生长肥育各阶段均实行全进全出，猪群全部转出后，猪舍经过严格清洗消毒，空闲几天后再进下一批猪，已离场的猪禁止回场饲养。

三、早期隔离断奶(SEW)和早期加药断奶(MEW)技术

(一)仔猪早期隔离断奶技术

SEW 技术是应用猪的免疫学、传染病学、营养学和饲养管理学等多种科学原理，控制、阻断和净化某种或几种疾病，从而提高猪群健康水平和生产力的生产方式和饲养管理技术。其核心技术是利用母猪初乳中免疫抗体对仔猪的保护力，让仔猪在 18 日龄前(多为 14～16 日龄)断奶并移入较远的无病原菌的环境中，以减少疾病的水平传播。该技术被称为是最有效和最经济的防止大部分疾病传播的技术。早期隔离断奶(SEW)，一般要求在 10～20 日龄断奶，而大多数猪场选择在 14～18 日龄断奶。该技术要求将仔猪早期断奶后隔离到 1～2 千米以外的干净环境中，人员与物质的流通，也将得到控制。在美国有 86％以上的大型养猪场采用该技术，这是一种维持猪群从断奶到上市的良好健康状况标准的饲养管理技术，可以排除一些在母猪与仔猪之间传播的疾病。根据美国报道，对仔猪有效的排除疾病的断奶日龄见表5-1。

表 5-1　对仔猪有效排除疾病的断奶日龄

有效排除疾病或病原名称	断奶日龄
胸膜性肺炎放线杆菌(APP)	16
肺炎支原体	21
猪繁殖与呼吸综合征(PRRS)	21
多杀性巴士德菌	10～12
猪链球菌	5
萎缩性鼻炎	10
钩端螺旋体	10
猪霍乱沙门氏菌	21

续表 5-1

有效排除疾病或病原名称	断奶日龄
传染性胃肠炎	21
伪狂犬病病毒	21
细小病毒	21

早期隔离断奶是在仔猪母源抗体水平较高、病原菌群增殖较弱时，将仔猪饲养在尽可能少病原菌的环境中(隔离)，在各类猪群间建立防病屏障，防止猪群内部疾病之间的传播。美国 1992 年开始推广本技术，现已普遍使用。仔猪一般 15 天断奶，最早为 12 天。

(二)早期加药断奶技术

将母猪和肉猪的免疫和给药结合起来，进行早期断奶，并按日龄进行隔离饲养。应根据猪群健康情况制订免疫和加药计划。一般母猪进行本地病毒性疫病的免疫接种，仔猪加药。这些方法适用于不同来源混养的猪只，将不同来源的妊娠母猪分组后，实行严格的隔离饲养。组内个体临产期差别应控制在 2～4 天之内。为提高母源抗体水平，确保消除某些病原，须挑选有 2 胎以上经产母猪，同时在分娩前的 4～6 天对其进行相应的免疫，以提高母源抗体水平。当仔猪出生后给予大剂量的抗菌药以减少母猪将病原传给仔猪的可能。仔猪必须在 5 日龄断奶并转入保育舍，且实行全进全出的原则。保育结束后，将仔猪转到生长肥育猪舍。在整个生产过程中，不同阶段的猪群必须严格实行隔离饲养，以建立最少疾病猪群。

(三)多点式饲养体系净化病原

多点式饲养体系是指将不同生产阶段的猪群放在不同地点的猪舍进行饲养管理的一项养猪新技术，即猪场设立种猪繁殖区、断奶仔猪培育区、中猪育成区，各区之间相隔一定的距离，各区之间相互独立，人员、设备和用具分开，减少各区之间疾病的传播，最大限度地避免交叉感染。将 SEW 技术应用于规模养猪生产便产生了多点生产模式，即三点式生产模式（配种＋产房、保育、生长肥育）和二点式生产模式（配种＋产房、保育＋生长肥育）；其目的是为了维持猪群健康水平、降低疾病带来的风险和去除疾病（病源）。多点式饲养体系必须实行早期断奶和严格的隔离措施才能生产出不携带特定病原的阴性猪群。有的两地生产，配种、妊娠、分娩和哺乳在一地，保育、生长和育成在另一地；有的三地生产，配种、妊娠、分娩和哺乳，然后集中在一起保育，生长及育成又在另一地。现最流行的是三地生产模式。各地相隔几千米至几十千米，须交通发达，运猪车辆配有饮水及哺料设备，则猪的移动对猪只影响不大，不会产生大的应激反应。实行多点式生产，并对危害养猪业严重的主要疾病进行有效的控制和清除，提高了猪群的健康水平和生产效率。这是集约化养猪可持续健康发展，获取长期高产高效益的根本所在。

1. 三点生产模式 是指将种猪群（后备、妊娠、哺乳）饲养在一个地点，将断奶后仔猪转移到另一地点饲养至 9～10 周龄，然后将 9～10 周龄的小猪转移至第三个地点饲养至上市。每个地点相隔不低于 3 千米（最好在 5 千米以上），且必须实行全进全出。

2. 二点生产模式 是指将三点生产模式中的后两项合并在一个地点饲养。即断奶前仔猪生产在一个地点，断奶后至上市放在另一个地点饲养，每个地点相隔不低于 3 千米（最好在 5 千米以上），且必须实行全进全出。二点生产模式是对传统一条龙生产模式的改进，相对于三点模式而言，比较易于在生产中操作与推广，但三点生产模式的患病风险更小，生产效率更高。

3. 同一场区的多点生产模式 在同一个猪场内实施在 2 或 3 个不同地点饲养，将小单元保育舍建造在猪场向阳上风口；将生长肥育舍建在离保育舍相隔 100 米以上的场区中间；将小单元产仔房与妊娠（后备）舍建在场区下区（同时距离肥猪舍在 150 米以上）。3 个饲养小区之间采用植树或围栏等设施分开，并设计单向流动走道。

四、养猪场的消毒卫生技术

近几年，猪病泛滥，诸如波及全国多个省份的“猪高热病”、繁殖与呼吸综合征、呼吸道综合征、圆环病毒等的暴发，导致了猪只大量发病和死亡，给农村养殖户和许多规模猪场造成了重大损失，有些猪场甚至因受猪病重创而倒闭。这也暴露出了我国现行的养猪疫病防控体系存在不足和漏洞，其中对消毒防疫的认识尤其不够，消毒意识模糊，方法多有不当。

(一)猪场消毒

消毒的目的是杀灭病原体，猪的分泌物、排泄物，病猪的粪尿、血液及其分泌物，被病猪污染的土壤、用具、畜舍等要定期进行消毒——日常消毒，是猪场最重要的防疫措施，根据地点的不同分为场地消毒和猪舍消毒。

场地消毒是根据场地被污染的不同情况，进行消毒处理。一般情况下，平时的预防消毒为清扫，保持场地的清洁卫生，定期用一般性的消毒药喷洒即可。水泥地应先清扫，清水冲洗(用消毒药水)，洗刷，最后达到彻底消毒。

猪舍预防消毒：应根据季节不同，猪生理、生长阶段不同，和饲养管理环境不同，而预防消毒方法、次数和药物剂量都是不同的，一般每 7～15 天 1 次。猪舍紧急消毒：当发生传染病时首先选用有效的消毒药物喷洒后再清扫(清扫时应将饲槽洗刷干净，将垫草、垃圾、剩料、粪便等清理出去打扫干净)，然后再用消毒药进行喷雾消毒。

1. 猪场门卫消毒　指由门卫完成的猪场外围环境消毒，包括大门消毒、脚手消毒、车辆消毒等。

(1)大门消毒　主要供出入猪场的车辆和人员通过，要避免日晒雨淋和污泥浊水入内，池内的消毒液 2～3 天彻底更换 1 次，所用的消毒剂要求作用持久、稳定，可选用氢氧化钠(2%)、过氧乙酸(1%)等。消毒程序为：消毒池加入 20 厘米深的清洁水→测量水的重量或体积→计算(根据水的重量或体积、消毒液的浓度、消毒剂的含量，计算出所需消毒剂的用量)→添加、混匀。

(2)洗手消毒　猪场进出口除了设有消毒池消毒鞋靴外，还需进行洗手消毒。既要注重外来人员的消毒，更要注重本场人员的消毒。采用的消毒剂对人的皮肤无刺激性、无异味，可选用过氧化氢溶液(0.5%)、新洁尔灭(季铵盐类消毒剂0.5%)。消毒程序为：设立2个洗手盆→A盆中加入清洁水，根据水的重量或体积计算需加消毒剂的用量→进场人员双手先在A盆浸泡3～5分钟→在盛有清水的B盆洗净→毛巾擦干即可。

(3)车辆消毒　进出猪场的运输车辆，特别是运猪车辆的车轮、车厢内外都需要进行全面的喷洒消毒，采用的消毒剂对猪无刺激性、无不良影响，可选用过氧化氢溶液(0.5%)、过氧乙酸(1%)、二氯异氰尿酸钠等。任何车辆不得进入生产区。消毒程序为：准备好消毒喷雾器→根据消毒桶(罐)中加水的重量(体积)、消毒液浓度、消毒剂的含量，计算消毒剂的用量，加入、混匀→喷洒从车头顶端、车窗、门、车厢内外、车轮自上而下喷洒均匀→用清水清洗消毒机器，以防腐蚀机器→3～5分钟后方可准许车辆进场。

2. 猪舍大消毒(指全进全出的猪舍消毒)

(1)转群后舍内消毒　产房、保育舍、肥育舍等每批猪调出后，要求猪舍内的猪只必须全部出清，一头不留，对猪舍进行彻底的消毒。可选用过氧乙酸(1%)、氢氧化钠(2%)、次氯酸钠(5%)等。消毒后需空栏5～7天才能进猪。消毒程序为：彻底清扫猪舍内外的粪便、污物、疏通沟渠→取出舍内可移动的部件(饲槽、垫板、电热板、保温箱、料车、粪车等)，洗净、晾干或置阳光下暴晒→舍内的地面、走道、墙壁等处用自来水或高压泵冲洗，栏栅、笼具进行洗刷和抹擦→闲置1天→自然干燥后才能喷雾消毒(用高压喷雾器)，消毒液的用量为1升/米^2→要求喷雾均匀，不留死角→最后用清水清洗消毒机器，以防腐蚀机器。

(2)临时消毒　当发生可疑疫情或在特殊情况下，对局部或部分区域、物品随时采取应急的消毒措施。包括带猪消毒、空气消毒、饮水消毒、器械消毒。

①带猪消毒：当某一猪圈内突然发现个别病猪或死猪，若疑传染病时在消除传染源后，对可疑被污染的场地、物品和同圈的猪所进行的消毒。可选用新洁尔灭（1%）、过氧乙酸（1%）、二氯异氰尿酸钠等。消毒程序为：准备好消毒喷雾器→测量所要消毒的猪舍面积计算消毒液的用量→根据消毒桶（罐）中加水的重量（体积）、消毒液浓度、消毒剂的含量，计算消毒剂的用量，加入、混匀→喷洒从猪舍内顶棚、墙、窗、门、猪栏两侧、食槽等，自上而下喷洒均匀→最后用清水清洗消毒机器，以防腐蚀机器。

②空气消毒：在寒冷季节，门窗紧闭，猪群密集，舍内空气严重污染的情况下进行的消毒，要求消毒剂不仅能杀菌还有除臭、降尘、净化空气的作用。采用喷雾消毒，消毒剂用量 0.5 升/米^3。可选用过氧乙酸（1%）、新洁尔灭（0.1%）等。消毒程序为：准备好消毒喷雾器→测量所要消毒的猪舍体积计算消毒液的用量→根据消毒桶（罐）中加水的重量（体积）、消毒液浓度、消毒剂的含量，计算消毒剂的用量，加入、混匀→细雾喷洒从猪舍顶端，自上而下喷洒均匀→最后用清水清洗消毒机器，以防腐蚀机器。

③饮水消毒：饮用水中细菌总数或大肠杆菌数超标或可疑污染病原微生物的情况下，需进行消毒，要求消毒剂对猪体无毒害，对饮欲无影响。可选用二氯异氰尿酸钠、次氯酸钠、百毒杀（季铵盐类消毒剂 0.1%）等。消毒程序为：储水罐（桶）中储水重量（体积）→计算消毒剂的用量→加入、混匀→2 小时后可以饮用。

④器械消毒：注射器、针头、手术刀、剪子、镊子、耳号钳、止血钳等物品消毒，先洗净后，置于消毒锅内煮沸消毒 30 分钟后即可使用。

（3）*产房要严格消毒*　母猪进入产房前进行体表清洗和消毒，母猪用 0.1%高锰酸钾溶液对外阴和乳房擦洗消毒。仔猪断脐要用 5%碘酊严格消毒。

（二）猪场消毒时应注意的问题

主要有以下几点：

消毒最好选择在晴天，彻底清除栏舍内的残料、垃圾和墙面、顶棚、水管等处的尘埃等，尽量让消毒药充分发挥作用。任何好的消毒药物都不可能穿过粪便、厚的灰尘等障碍物进行消毒。

充分了解本场所选择的不同种类消毒剂的特性，依据本场实际需要，在不同时期选择针对性较强的消毒剂。

配消毒液时应严格按照说明剂量配制，不要自行加大剂量。浓度过大会刺激猪的呼吸道黏膜，诱发呼吸系统疾病的发生。

使用消毒剂时，必须现用现配制，混合均匀，避免边加水边消毒等现象。用剩的消毒液不能隔一段时间再用。

药液用量。任何有效的消毒，必须彻底湿润欲消毒的表面，消毒后犹如下了一层毛毛雨一样。进行消毒的药液用量最低限度应是0.3升/米^2，一般为0.3～0.5升/米^2。

消毒时应将消毒器的喷口向上倾斜，让消毒液慢慢落下，千万不要对准猪体消毒。

消毒液作用时间要尽可能长时间的保持消毒剂与病原微生物的接触，一般接触在30分钟以上方能取得满意的消毒效果。

不能混用不同性质的消毒剂。在实际生产中，需使用两种以上不同性质的消毒剂时，可先使用一种消毒剂消毒，60分钟后用清水冲洗，再使用另一种消毒剂。

不能长久使用同一性质的消毒剂，坚持定期轮换不同性质的消毒剂。

猪场应有完善的各种消毒记录，如入场消毒记录、空舍消毒记录、常规消毒记录等。

（三）猪群的卫生

主要有以下注意事项：

每天及时打扫圈舍卫生，清理生产垃圾，保持舍内外干净整洁，所用物品摆放有序。

每天必须进圈内打扫清理猪的粪便，尽量做到猪、粪分离，采用干清粪的猪舍，每天上、下午及时将猪粪清理出来堆积到指定地方；采用水冲粪的猪舍，每天上、下午及时将猪粪打扫到地沟里用清水冲走，保持猪体、圈舍干净。

每周转运1批猪，空圈后要清洗、消毒，种猪上床或调圈，要把空圈先冲洗后用广谱消毒药消毒，产房每断奶1批、育成舍每肥育成1批、育肥舍每出栏1批，先清扫，再用火碱雾化1小时后冲洗、消毒、熏蒸、消毒。

注意通风换气，冬季做到保温，舍内空气良好，冬季可用风机通风5～10分钟(各段根据具体情况通风)。夏季通风防暑降温，排出有害气体。

生产垃圾，即使用过的药盒、瓶、疫苗瓶、消毒瓶、一次性输精瓶等用后立即焚烧或妥善集中一处，适时统一销毁处理。料袋能利用的返回饲料厂，不能利用的焚烧掉。

舍内的整体环境卫生包括顶棚、门窗、走廊等平时不易打扫的地方，每次空舍后彻底打扫1次，不能空舍的每1个月或每季度彻底打扫1次。舍外环境卫生每1个月清理1次。猪场道路和环境要保持清洁卫生，保持料槽、水槽、用具干净，地面清洁。

五、猪场的隔离管理

猪场严禁饲养禽、犬、猫及其他动物，禁止其他野生动物，畜禽进入场区，猪场的围墙或栅栏能够有效阻挡其他动物进入场内。饲料库，圈舍和赶猪道门窗应设防鸟网且网的孔隙能够阻挡鸟类、蛇类和大的蚊虫进入网内区域。职工家中不得养猪。定期驱除猪体内外寄生虫。搞好灭鼠、灭蚊蝇和吸血昆虫等工作，猪舍的窗户及开放部分覆盖沙网，防止蚊蝇、鸟雀等进入。

未经猪场管理者和兽医的许可，任何人员不准擅自进入场区。任何人员若进生产区前必须在场外隔离24～48小时，生活区隔离48小时，否则禁止进入生产区。本场工作人员和管理人员不准在其他有猪区域居住，进场前至少1周未接触其他猪只；外来人员不得进入生产区，应在生活区指定的地点会客和住宿。

场内职工统一到食堂就餐，猪场食堂不准外购猪只及其产品，禁止场内人员食用牛、羊(包括牛羊肉加工制品)及非本场的猪肉(包括猪肉制品)，禁止含有上述肉品的食品制品(包括含有猪、牛、羊制品的方便面和罐头食品）入场；场外隔离期间禁止食用上述食品。

生产区内各生产阶段的人员、用具应固定，不得随意串舍和混用工具。工作人员和管理人员应采取集体休假制度。为了降低人员频繁进出带来的疾病风险，规定所有猪场工作人员和管理人员必须连续居住在场区内一段时间（30 天）后实行集中休假制度。生产人员进入生产区，要经过淋浴、更换专用消毒的工作服和鞋帽后才能进入。工作服和鞋帽必须每次都消毒。

生产区的人工授精和兽医等技术人员，不得在场外服务。

任何进入猪场的设备和物品必须是崭新的，在相关管理员监督下，进场前应经过严格的熏蒸消毒后进入产区，禁止任何可能受到猪源污染或接触过猪只的设备和物品入场。

饲料是直接与猪群接触最频繁的物质，根据统计数据表明，猪群 80%以上肠道健康问题与饲料有关，因此控制饲料及其原料，加工和运输过程中可能出现的生物安全风险，可以明显降低猪群健康问题的发生几率。饲料中禁止添加除鱼类加工品以外任何动物源性原料（包括猪、牛、羊骨粉、肉骨粉、血粉、血浆蛋白粉和奶源性制品）。运输饲料的车辆做到专车专用，禁止运输猪只或其他可能遭受动物污染的物品。饲料车不能进入生产区，饲料袋禁止进入生产区和圈舍。为了加强饲料及其原料、加工、运输过程的控制，由猪场主管兽医或其他技术人员每半年对提供饲料的厂家进行饲料厂家生物安全评估。未经兽医许可，禁止使用任何垫料，生产区使用的任何垫料使用前必须经过严格充分的熏蒸消毒。

引种的隔离与适应。种源提供场的健康等级必须高于引种场，引种前必须通过实验室检测等手段了解种源提供场的基本健康状况并依据健康匹配原则确定种源，禁止从健康等级低于本场的种源提供场引种。新引进的后备种猪由于经过长途运输等应激因素，其健康状况可能发生变化并影响本场猪群的健康状况，因此必须经过一定时间的隔离适应措施处理后混群，最大限度地减少引种带来的疾病风险。

车辆是出入猪场最频繁的工具，因此，如何最大限度地降低车辆带来的生物安全风险是生物安全体系重点关注的内容之一。生产区用于转猪或运送饲料的车辆禁止离开生产区；运送饲料和运输猪只的车辆做到专车专用，禁止混用。任何车辆入场前，必须经过严格彻底地冲洗消毒，冬天气温较低时，可以考虑使用辅助电加热冲洗消毒器械增强冲洗消毒效果。距场 1～2 千米处设立清洗消毒点，车辆每次使用完毕和使用前均需要彻底地清洗消毒，并停放在专用车库干燥（冬天寒冷时，可以考虑加温加速干燥）；车辆使用完毕，彻底冲洗、消毒、干燥后停放于车库中，必须经过一定的隔离时间后再次使用，隔离天数 1～4 天。

粪便处理方法，必须遵守当地法律规定。禁止未经处理的粪便直接运往场外，禁止未经处理的污水直接排放到河流，禁止使用猪场粪便、污水饲养其他动物。粪便处理设施可以建在猪场围墙内且远离圈舍。粪便处理设施和车辆专用，不能与其他猪场共用。粪便需经过无害化处理（如堆肥熟化，暴晒）后可以运到其他区域作为肥料。

死猪处理方法必须遵守当地法律规定，禁止出售任何原因死亡的猪只，禁止食用任何原因死亡的猪只。可以接受的死猪处理方法有坑埋、深埋和焚烧，建议使用处理最彻底的焚烧方式。死猪的处理只能在生产区特定区域进行，禁止死猪出生产区。

六、建立舒适猪舍环境控制体系

猪舍的环境影响猪的繁殖和生长发育，环境的变化会使猪产生“应激”并诱发疾病的发生和流行。因此，必须根据猪的生物学特性，采用综合配套技术措施，为猪创造适宜的生活环境，保持猪群健康，最大限度地提高生产水平。

（一）猪舍温度要求均衡

减少因温度变化频繁所致的热性和风寒疾病的发生。由于猪的品种、年龄、体重、生理状态、管理方式和个体适应能力的差别，所要求的温度也不同。产房室温要求 20℃～22℃，哺乳仔猪保温箱内的温度要求0～7日龄32℃～34℃,8～20日龄25℃～28℃;21日龄断奶的保育猪舍的室温不低于26℃,1周后逐渐降至22℃～24℃,60日龄后可稳定在20℃左右,肥育猪、种公母猪温度控制在15℃～22℃,外界气温超过30℃,对种公猪、妊娠母猪应采取防暑降温措施。

(二)湿　度

不论大小猪都要求干燥的环境。猪舍要求通风良好、地面平整、不积水、沟渠排水通畅，避免或减少带猪冲洗猪圈。猪舍内适宜的空气相对湿度为65%～75%。

(三)气　流

加强通风换气和定期消毒,杀灭环境及空气中的有毒有害病原微生物,排除有毒有害气体、猪舍内的灰尘和微生物,是减少各种呼吸道和消化道疾病发生的必要手段。猪舍内有害气体超过以下允许值则构成危害:二氧化碳1 500毫克/米^3、氨15毫克/米^3、硫化氢10毫克/米^3。

(四)保持合理的饲养密度

冬天为提高舍温,应适当加大饲养密度,夏季降低饲养密度,并按性别、体重进行合理的分群管理,使猪只吃得多,吃得好,增重快。各类猪的适宜饲养密度参考表5-2。

表5-2　猪群合理的饲养密度

猪　别	体重(千克)	每头猪占栏面积(米^2)		每栏头数
		地面饲养	漏缝地板	
保育仔猪	6～18	0.4～0.6	0.3～0.4	10～12
生长猪	18～60	0.8～0.9	0.5～0.6	9～11
肥育猪	60～100	1.0～1.2	0.7～0.9	8～10
母猪	130～200	2.5	1.4	4～6
产仔母猪	200	8～10	4	1
种公猪	200	10	6	1

(五)噪　声

噪声对猪的休息、采食、生长、繁殖都有负面影响，应保持猪场环境安静，尽量降低噪声对猪群的影响。

七、建立安全的疫病防治体系

(一)坚持自繁自养，尽量做到全进全出

猪场最好自己饲养公猪、母猪，实行自繁自养。这样既可避免购买猪时带进传染病，又可降低养猪成本。引进种猪时尽量从非疫区购入，并经兽医部门检疫，经消毒后进入隔离猪舍，观察 30 天，健康、并按本场免疫程序注射疫苗后，再经过 15～20 天的适应阶段的观察，方可入场混群。

各阶段猪的猪舍以小单元为最好，这样有利于全进和全出，有利于彻底冲洗、消毒和空舍。

(二)严格执行消毒制度

消毒的目的是杀灭病原体。猪的分泌物、排泄物和被病猪污染的粪尿、血液及其分泌物，土壤、用具、畜舍等要定期进行消毒，一般规模化猪场可 1 周消毒 1～2 次，疫情较大的猪场也可每天消毒 1 次，每次消毒时，应先将粪尿污物打扫干净，用稀释后消毒剂喷雾消毒。

(三)制订严格的免疫程序

免疫程序是根据猪群的免疫状况和传染病的流行情况及季节，结合各猪场的具体疫情而制订的预防接种计划，各场应根据各自的情况制订相应的免疫计划。以下免疫程序，供各场在制订免疫程序时参考。

1. 必须要防疫的疫病

(1)猪瘟　选用猪瘟兔化弱毒疫苗，肌内注射。仔猪首免日龄根据本场母源抗体消长规律确定，二免根据首免后的抗体水平来确定。一般情况下仔猪 20～25 日龄首免，2～4 头份；60～65 日龄二免，4 头份。后备猪配种前免疫 1 次，剂量 6 头份。种公猪每年春(3～4 月份)、秋(9～10 月份)两季免疫猪瘟细胞苗，剂量 6 头

份。种母猪配种前免疫，剂量 6 头份。使用组织苗 1 头份即可。

受猪瘟病威胁严重的猪场或发病猪场，短期可使用超前免疫，即仔猪生后每头注射猪瘟零免疫苗 1 头份，1.5 小时后再吃初乳。

(2)口蹄疫　选用口蹄疫高效灭活疫苗，后海穴或肌内注射。仔猪 60 日龄首免 2 毫升，90 日龄二免 3 毫升。后备种猪配种前免疫 1 次，剂量 4 毫升。经产母猪产前 45 天免疫 1 次，4～5 毫升。种公猪每 4 个月免疫 1 次，4～5 毫升。

(3)伪狂犬　选用伪狂犬基因自然缺失活疫苗，肌内注射。仔猪免疫 1 头份，时间根据母源抗体水平决定，一般 55～70 日龄；后备猪配种前免疫 2 次，间隔 2 周，剂量 1 头份；种公猪每半年免疫 1 次，剂量 1 头份。母猪配种前和产仔前各免疫 1 次，剂量 1 头份。

(4)细小病毒　初配公、母猪配种前 42、21 天分别免疫细小病毒疫苗，二胎配种前再免疫 1 次，剂量 2 头份。

(5)乙型脑炎　初配公、母猪 150 日龄免疫 1 次，间隔 2～3 周再免疫 1 次，剂量 2 头份；种公、母猪每年 3 月份普遍免疫 1 次，剂量 2 头份。

2. 根据各场自身疾病流行情况，可选择防疫程序

(1)猪繁殖与呼吸综合征　选用猪繁殖与呼吸综合征弱毒活疫苗，肌内注射。仔猪 30～35 日龄免疫 1 次，剂量 1 头份；后备种猪配种前免疫 2 次，间隔 2 周，剂量 1 头份。种母猪妊娠 55～65 天，免疫 1 次，剂量 1 头份。种公猪春、秋各免疫 1 次，剂量 1 头份。(根据本场情况，避免因注射疫苗带进不同型号的毒株)。

(2)猪霉形体肺炎病　仔猪 7～10 日龄 1 头份，活苗胸腔注射；后备猪配种前，免疫 1 头份；种公、母猪每年春、秋各免疫 1 次，剂量 1 头份。灭活苗肌内注射。

(3)链球菌　仔猪 25、45 日龄，链球菌苗 1 头份 2 次注射免疫；种公、母猪每年春秋各免疫 1 次，剂量 2 头份。

(4)萎缩性鼻炎　仔猪 28～30 日龄进行疫苗萎缩性鼻炎免疫，肌内注射 1 头份；母猪临产前 4 周肌内注射 1.5 头份。

(5)大肠杆菌　选用猪大肠杆菌基因缺失多价苗，后海穴或肌内注射。仔猪18日龄、母猪产前18～21天肌内注射大肠杆菌多价疫苗1头份(卫生条件好，不应注射疫苗)。

(6)仔猪副伤寒　仔猪28～35日龄仔猪副伤寒活疫苗1头份肌内注射。

(7)猪流行性腹泻、传染性胃肠炎　选择猪流行性腹泻、传染性胃肠炎二联疫苗，后海穴或肌内注射。每年10月份，全场普遍免疫2次，间隔2周，剂量中、大猪4毫升，仔猪(20～70日龄)2毫升。

(四)免疫接种操作规程

为提高免疫接种质量和充分发挥免疫接种对疾病控制的作用，确保各项免疫成功。猪场免疫接种应遵守下列规程。

1. 猪群免疫工作有专人负责　包括免疫程序的制定、疫苗的采购和贮存、免疫接种时工作人员的调配，根据免疫程序的要求，有条不紊地开展工作。

2. 疫苗的采购　①根据疫苗的实际效果和抗体监测结果，以及场际间的沟通和了解，选择有批准文号的生产厂家。②防疫人员根据各类疫苗的库存量、使用量和疫苗的有效期等确定阶段购买量。一般提前2周，以2～3个月的用量为准。并注明生产厂家、出售单位、疫苗质量(活苗或死苗)。③采购员必须按要求购买，不得随意更改。购买时要了解疫苗生产日期，保质期限。尽量购买近期生产的，离有效期还有2～3个月的不要购买。④采购员要在上报3天之内将疫苗购回。

3. 疫苗的运输　①运输疫苗要使用放有冰袋的保温箱，做到“苗随冰行，苗到未融”的冰链系统。途中避免阳光照射和高温。②疫苗如需长途运输，一定要将运输的要求交代清楚，约好接货时间和地点，接货人应提前到达，及时接货。③疫苗运输时间越短越好，中途不得停留存放，应及时运往猪场放入冰箱，防止冷链中断。

4. 疫苗的保管　①保管员接到疫苗后要清点数量，逐瓶检查苗瓶有无破损、瓶盖有无松动、标签是否完整，并记录生产厂家、批准文号、检验号、生产日期、失效日期、药品的物理性状与说明书是否相符等，避免购入伪劣产品。②仔细查看说明书，严格按说明书的要求贮存。③定时清理冰箱的冰块和过期的疫苗，冰箱要保持清洁和存放有序。④如遇停电，应在停电前一天准备好冰袋，以备停电时用，停电时尽量少开冰箱门。

5. 疫苗使用前注意事项

①疫苗使用前应检查药品的名称、厂家、批准文号、批号、有效期(失效期)、物理性状、贮存条件等是否与说明书相符。仔细查阅使用说明书与瓶签是否相符，明确装置、稀释液、每头剂量、使用方法及有关注意事项，并严格遵守，以免影响免疫效果。对过期、无批号、油乳剂破乳、失真空及颜色异常或不明来源的疫苗禁止使用。

②疫苗接种前应向兽医和饲养员了解猪群的健康状况，有病、体弱、食欲和体温异常，暂时不能接种。不能接种的猪，要记录清楚，适当时机补种。

③免疫接种前对注射器、针头、镊子等进行清洗和煮沸消毒15～30分钟备用，做到一猪一针，防止针头传染，绝不能用已给动物注射过的针头吸取，可用1个灭菌针头，插在瓶塞上不拔出、裹以挤干的酒精棉球专供吸药用，吸出的药液不应再回注瓶内。备足酒精棉球，接种部位以70%～75%的酒精消毒为宜，以免使用碘酊消毒后脱碘不完全而影响疫苗活性。准备好稀释液、记录本和肾上腺素等抗过敏药物。

④疫苗接种前后，尽可能避免一些剧烈操作，如转群、采血等，防止猪群应激影响免疫效果。

6. 疫苗稀释 对于冷冻贮藏的疫苗，如猪瘟苗稀释用的生理盐水，必须提前至少1天放置在冰箱冷藏，或稀释时将疫苗同稀释液一起放置在室温中停置数分钟，避免两者的温差太大。

稀释前先将苗瓶口的胶蜡除去，并用酒精棉消毒晾干。

用注射器取适量的稀释液插入疫苗瓶中，无须推压，检查瓶内是否真空(真空疫苗瓶能自动吸取稀释液)，失真空的疫苗应废弃。

根据免疫剂量，计划免疫头数和免疫人员的工作能力来决定疫苗的稀释量和稀释次数，做到现用现配，稀释后的疫苗在1～3小时内用完。

疫苗不能用凉开水稀释，必须用生理盐水或专用稀释液稀释。稀释后的疫苗，放在有冰袋的保温瓶中，并在规定的时间内用完，防止长时间暴露室温中。

7. 免疫接种具体操作要求 接种时间应安排在猪群喂料前空腹时进行，高温季节应在早、晚注射。

液体苗使用前应充分摇匀，每次吸苗前再充分振摇。冻干苗加稀释液后应轻轻振摇匀。

要根据猪的大小和注射剂量多少，选用相应的针管和针头。针管可用10毫升或20毫升的金属注射器或连续注射器，针头可用38～44毫米12号的；新生仔猪猪瘟超免可用2毫升或5毫升的注射器，针头长为20毫米的9号针头。

注射时要适当保定，保育舍、肥育舍的猪，可用焊接的铁栅栏挡在墙角处，等相对稳定后再注射。哺乳仔猪和保育仔猪需要抓逮时，要注意轻抓轻放，避免过分驱赶，以减缓应激。

注射部位要准确。肌内注射部位，有颈部、臀部和后腿内侧等几处供选择，皮下注射在耳后或股内侧皮下疏松结缔组织部位，避免注射到脂肪组织内。须要在交巢穴和胸腔注射的更须摸准部位。注射前术部要用挤干的酒精棉或碘酊棉消毒，进针的深度、角度应适宜。注射完拔出针头，消毒、轻压术部，防止术部发炎形成脓包。

注射的剂量要准确，不漏注、不白注，进针要稳，拔针宜快，不得打“飞针”以确保疫苗液真正足量注射于肌内。苗量不足的立即补注。

妊娠母猪免疫操作要小心谨慎，产前15天内和妊娠前期尽量减少使用各种疫苗。

疫苗不得混用(标记允许混用的除外)，一般两种疫苗接种时间，至少间隔5～7天。

8. 疫苗使用前后的用药问题 防疫前的3～5天可以使用抗应激药物、免疫增强保护剂，以提高免疫效果。

在使用活病毒苗时，用苗前后严禁使用抗病毒药物；用活菌苗时，防疫前后10天内不能使用抗生素、磺胺类等抗菌、抑菌药物及激素类。

9. 免疫接种以后注意事项 及时认真的填写免疫接种记录，包括疫苗名称、免疫日期、舍别、猪别、日龄、免疫头数、免疫剂量、疫苗性质、生产厂家、批准文号、批号、有效期、接种人、备注等。每批疫苗最好存放1～2瓶，出现问题以备查询。

失效、作废的疫苗，用过的疫苗瓶，稀释后的剩余疫苗等，必须妥善处理。处理方式包括用消毒剂浸泡、煮沸、烧毁、深埋等。

有的疫苗接种后能引起过敏反应，有的仔猪注射0.5小时后出现体温升高、发抖、呕吐和减食等症状，一般1～2天后可自行恢复，接种后观察1～2日，尤其接种后2小时内更应严密监视，遇有过敏反应时注射肾上腺素或地塞米松等抗过敏解救药。

有的猪、有的疫苗打过后应激反应较大，表现采食量降低，甚至不吃或体温升高，应饮用电解质水或口服补液盐或熬制的中药液。尤其是保育舍仔猪免疫接种后采取以上措施能减缓应激。

接种疫苗后，活苗经7～14天、灭活苗14～21天才能使机体获得免疫保护，这期间要加强饲养管理，尽量减少应激因素，加强环境控制，防止饲料霉变，搞好清洁卫生，避免强毒感染。

如果发生严重反应或怀疑疫苗有问题而引起死亡，须尽快向生产厂家反映或冷藏包装同批次的制品2瓶寄回厂家，以便查找原因。

10. 疫苗接种效果的检测 1个季度抽血分离血清进行1次抗体监测，当抗体水平合格率达不到时应补注1次，并检查其原因。

疫苗的进货渠道应当稳定，但因特殊情况需要换用新厂家的某种疫苗时，在疫苗注射后30天即进行抗体监测，抗体水平合格率达不到时，则不能使用该疫苗。改用其他厂家疫苗进行补注。

注重在生产实践中考查疫苗的效果。如长期未见初产母猪流产，说明细小病毒苗的效果尚可。

八、疾病诊疗技术体系

(一)猪群的健康监测

在整个养猪生产过程中，猪群随时都可能发生传染病，一旦发生，规模越大，损失越惨重。因此，做好猪群的健康检测工作，及时发现亚临床症状，早期控制疫情，把传染病消灭在萌芽状态是非常重要的。主要的监测方法有如下几种。

1. 观察猪群 饲养员对自己负责的猪只随时观察，发现异常，及时向兽医或技术员汇报。猪场技术员和兽医每日至少巡视猪群2～3遍，并经常与饲养员取得联系，互通信息，以掌握猪群动态。

不管是饲养员还是技术人员，观察猪群要认真、细致，掌握好观察技术、观察时机和方法。生产上可采用“三看”，即“平时看精神，喂饲看食欲，清扫看粪便。”并结合猪的年龄、性别、生理阶段、季节、温度、空气等，有重点、有目的地观察。

对观察中发现的不正常情况，应及时分析，查明原因，尽早采取措施加以解决。如属一般疾病，应采用对症治疗或淘汰，如是烈性传染病，则应立即捕杀，妥善处理尸体，并采取紧急消毒、紧急免疫接种等措施，防止其蔓延扩散。

对异常猪只及时淘汰，可提高生产水平，减少耗料和用药，更有利于维护全群的安全，因为这些猪往往对传染病易感或是带菌带毒，是危险的传染源或潜在的传染源。

2. 测量统计 特定的品种或杂交组合，要求特定的饲养管理水平，并同时表现特定的生产水平。通过测量统计，便可了解饲养管理水平是否适宜，猪群的健康是否在最佳状态。低劣的饲养管理，发挥不出猪的最大遗传潜力，同时也降低了猪的健康水平。猪所表现的生产力水平的高低是反映饲养管理好坏和健康状况的晴雨表。例如，猪的受胎率低、产仔数少，往往与配种技术不佳、饲养管理不当和某些疾病有关；出生重低与母猪妊娠期营养不良有关；21天窝重小、整齐度差与母乳不足、补料过晚或不当、环境不良或受到疾病侵袭有关；肉猪日增重低、饲料报酬差有可能是猪群潜藏某些慢性疾病或饲养管理不当。

3. 病猪剖检 通过对病猪的剖检，观察各器官组织有无病变或病变的种类、程度等，了解猪病的种类及严重程度。

4. 屠宰厂检查 在屠宰厂检查屠宰猪只各器官组织有无异常或病变，了解有无某种传染病及严重程度。

5. 抗原、抗体测定 检查和测定血清及其他体液中的抗体水平，是了解动物免疫状态的有效方法。动物血清中存在某种抗体，说明动物曾经与同源抗原接触过，抗体的出现意味着动物正在患病或过去患过病，或意味着动物接种疫苗已经产生效力。如果抗体水平下降，表示这些抗体可能是传染病或接种疫苗的残余抗体。接种疫苗后测定抗体，可以明确人工免疫的有效程度，并作为以后何时再接种疫苗的参考。妊娠母猪接种疫苗后，仔猪可通过吃初乳获得母源抗体。测定仔猪体内的母源抗体量，可了解仔猪的免疫状态，同时也是确定仔猪何时再接种疫苗的重要依据。检查抗体的技术，也可以检查和鉴别抗原、诊断疾病。生产现场可用全血凝集试验等较简单的方法进行某些疾病的检疫，淘汰反应阳性猪，净化猪群。

(二)完善猪场安全防疫设施和制度

猪场要建立有一定诊断和治疗条件的兽医室，建立健全免疫接种、诊断和病理剖检纪录。根据疫病的发病特点，采用临床诊断、流行病学诊断、病理学诊断、病原学诊断和免疫学诊断等方法，及时作出诊断，并制订相应的防治措施。

饲养员认真执行防治措施，根据处方领取药物，按照兽医制订的方法对病猪进行治疗，并对疗程、疗效、药物反应等做出详细记录。

(三)加强病猪的护理工作

应供给病猪充足的饮水，新鲜易消化的高质量饲料，少喂勤添，必要时人工灌服等。

第三节　猪场用药规程

规模化猪场除了部分传染病可使用免疫注射来加以防制外，许多传染病尚无疫苗或无可靠疫苗用于防制，一些在临床上已有发生而不能及时确诊的疫病可能蔓延流行，一些非传染性的流行病、群发病也可能大面积暴发流行，均使得在临床上必须采用对整个猪群投放药物进行群体预防或控制。但是，猪场要做到合理用药应遵循规范的用药原则规程。

要使用正规的药品，不用假冒伪劣药品。选用时，应当使用具有正式批准文号、生产药厂名称、药品批号，在有效期内的合格药品。不能擅自随意地将农药等其他药品当作动物药品使用。购药时要到有兽药经营许可证的部门购药。同时，还不要一味地迷信高档进口药物，许多国产的兽药药效也特别好，使用既经济又实惠。

要对症下药，用药要有明确的指征，不能滥用药物。猪群感染疾病后，要及时请专业兽医技术人员确诊，制订正确的治疗方案，对症购药用药。病急乱投医，往往药不对症，不但不能达到应有的防治效果，反而造成人力物力的损失，有时甚至会加重病情的发展。

要分析药性，合理联合用药。抗菌药物合理配伍，可达到协同作用或相加作用，从而增强疗效。联合应用抗菌药物应掌握适应症，注意各个品种的针对性，争取协同联合，避免拮抗作用。如在使用硫酸铜的同时不使用漂白粉；使用磺胺药时可配合使用碳酸氢钠或甲氧苄氨嘧啶，具有明显的增效作用。磺胺类药易使细菌产生耐药性，故首次使用量应当加倍。

避免使用多种药物或固定剂量的联合用药，在确定诊断后，兽医师的任务就是选择最有效、安全的药物进行治疗，一般情况下不应同时使用多种药物（尤其是抗菌药物），因为多种药物治疗极大地增加了药物相互作用的频率，也给患猪增加了危险。除了具有确实的协同作用的联合用药外，要慎重使用固定剂量的联合用药，因为它使兽医师失去了根据猪群病情需要去调整药物剂量的机会。

要注意保管，不要使用过期、变质和伪劣兽药。如漂白粉、漂白精、二氯异氰尿酸钠等，应当密封放置，现配现用，否则易致有效氯散失而影响防治疾病的效果。不要使用变质的药物，药物经过一段时间保存，尤其是当保存不善时，有的发生潮解，有的会氧化、碳酸化、光化，以至药物解体、变色、发生沉淀等。我国南方地处亚热带与热带，气候炎热而潮湿，某些药物易于发霉变质。药物一旦变质，不但不能治病，其中可能含有的毒性物质，会使动物发生不良反应甚至中毒。

要注意剂量、疗程、用药方法。药物治疗的错误包括用药错误，但更多的是剂量错误，切忌剂量不足或疗程不够达不到疗效，剂量过大或长期用药造成药物中毒。切忌点到为止，病好即止，注意病情的复发，同时加强轮换用药，避免病原体产生抗药性。

要注意药物的配伍禁忌。所谓药物的配伍禁忌是指药物因配合不当而产生对患病动物不利的种种变化。药物的种类很多，每一种药物都有它自己的物理、化学性质，不同的药物它的药理作用也不尽相同，有时，其药效更是完全相反。治疗所用的药物经常是两三种药物同时使用，或者是混合使用，例如内服用药或注射用药，通过同一个途径投药。由于它们各自的物理、化学性质不同，可以出现变色、沉淀或者形成凝块，使药物失去药效，甚至产生有毒物质，对动物造成危害。

用药时必须熟悉每一种药物的物理化学性状和药理效用，当同时配合使用多种药物时，要认真审核，避免发生药物的配伍禁忌。要严禁随意搭配，任意加大使用剂量。因为有些药物互相之间有拮抗作用，盲目配伍，轻者降低药效，重者产生毒副作用，危及畜禽生命，造成严重的经济损失。有些药物标有最大使用剂量，超过时疗效不但降低，而且还会产生毒副作用。

要注意猪本身的生理因素、病理状态、个体差异特点。不同年龄、性别、妊娠或哺乳猪对同一药物的反应往往有一定差异，这与机体器官组织的功能状态，尤其与肝药物代谢酶系统有密切的关系。如初生仔猪，生物转化途径和有关的微粒体酶系统功能不足，由微粒体酶代谢和由肾排泄消除的药物半衰期将被延长，所以，临床上用药剂量应适当减少；妊娠母猪对拟胆碱药、泻药或能引起子宫收缩加强的药物比较敏感，可能引起流产，临床用药应慎重。

猪群在病理状态下对药物的反应存在一定程度的差异。不少药物对病猪的作用较明显，甚至要在病理状态下才呈现药物的作用。例如，解热镇痛药能使发热患猪降温，对正常体温没有影响；洋地黄对慢性充血性心力衰竭有很好的强心作用，对正常功能的心脏则无明显作用。

严重的肝肾功能障碍，可影响药物的生物转化和排泄，引起药物蓄积，延长半衰期，从而增加药物的作用，严重时可能引起毒性反应；严重的寄生虫病、失血性疾病、营养不良患猪，由于血浆蛋白质的大大减少，可使高血浆蛋白结合率药物的血中游离药物浓度增加，使药物作用增强、生物转化和排泄增加，半衰期缩短。

在基本条件相同的状况下，有少数个体对药物特别敏感，另有少数个体则特别不敏感，这种个体之间的差异，在最敏感和最不敏感之间约差 10 倍。个体差异除表现药物作用量的差异外，有的还体现质的差异，如个别猪只应用某些药物后产生变态反应，有时也称过敏反应。产生个体差异的主要原因是猪只对药物的吸收、分布、生物转化和排泄的差异，其中生物转化是最重要的因素。

给猪群使用药物时，要考虑经济开支，不轻易和广泛使用新型、高效、价格昂贵的新药，是由于受到动物本身经济价值的限制。珍稀畜禽、名贵的种用畜禽，以及供科学研究的动物，另当别论。

安全使用兽药。药物使用恰当时可以防病治病，使用失当时，常发生种种不良后果。药物与毒物之间没有什么严格的界限，只是用量多少的差别。

各种各样的外用药，大多数都有毒性或者毒性很高，医疗上与内用药（内服药，注射药）严格分开。错把外用药当作内服药，甚至拿来注射，后果往往十分严重。

药物不是一般的物品，使用药物的人必须具备一定的专业知识，并且有高度的责任心。药物由专职人员使用，用药要规范，工作要细致，切忌粗心大意。

使用药物的同时，要关注饲养管理和环境因素。药物的作用是通过机体来体现的，因此机体的功能状态与药物的作用有密切的关系。例如，药物的作用与机体的免疫力、网状内皮系统的吞噬能力有密切的关系，有些病原体的最后消除还要依靠机体的防御机制。所以，机体的健康状态对药物的效应可以产生直接或间接的影响。

动物的健康主要取决于饲养和管理水平。饲养方面要注意饲料营养全面、均衡，根据猪的不同生长阶段的需要合理调配日粮，以免出现营养不良或营养过剩；管理方面应考虑防止猪群密度过大，合理分群，猪舍的建筑要注意通风、采光、活动空间，要为猪群的健康生长创造良好的条件。患猪疾病的恢复，不能单纯依靠药物，一定要配合好饲养管理，加强病猪的护理，提高机体的抵抗力，使药物的作用得到更好的发挥。

环境条件对药物的作用产生直接或间接的影响。例如，不同季节、温度、湿度均可影响消毒药物、抗寄生虫药物的疗效。如环境中存在大量的有机物可大大地减弱消毒药物的作用；通风不良、空气污染可增加应激反应，加剧疾病过程，影响药效。

第六章　猪场经营管理参数

从经济学的观点来看，规模化养猪场的根本目的在于盈利，一个养猪企业在为社会提供生猪产品的同时，要为投资者创造利润。而决定养猪企业经济效益的两大要素是科学技术和经营管理。先进的科学技术和科学的经营管理是推动现代化、商品化养猪企业发展的两个车轮。从养猪业的发展历程上看，尽管我国养猪业和生产形势有起有伏，市场行情时好时坏，但总有一些企业在盈利，而另外一些企业在亏损，究其原因，养猪企业的盈亏取决于其生产水平和经营管理水平的高低。特别是在社会主义市场经济体制下，养猪企业的经营管理更显重要，科学的经营管理是企业制胜的法宝。企业的经营管理是一门内容丰富、涉及面广的科学，养猪场又有别于其他企业，规模化养猪场的经营管理也有它的独到之处。

猪场的经营管理是指实现一定的经营目标，按照猪只生长的自然规律和经济规律，运用经济、法律、行政及现代科学技术和管理手段，对猪场的生产、销售、劳动报酬、经济核算等活动进行有计划地组织和科学的调控，它属于管理科学的范畴，其核心是充分、有效地利用猪场的人力、物力和财力，达到高产和高效的目的。

第一节　猪群管理

猪场管理的目标是猪群。猪既是生产机器又是产品。为了管理好猪场，首先要做好猪群管理。

一、猪场性质与定位

种猪场：向社会提供种猪，包括原种猪场、二元母猪场。

繁育场：饲养二元母猪，向社会提供仔猪或猪苗（仔）。

肥育场：不进行猪的繁殖饲养，只饲养生长猪，向社会提供商品猪(肥育猪)。

自繁自养:既饲养种猪(包括原种猪、二元母猪),又饲养商品猪,可以向养猪场(户)批量提供50～75千克种猪和100千克杂交商品瘦肉猪为生产方向,并有计划地为本场扩大规模和向周边猪场提供部分杂交和配套系父母代种猪。

二、猪群类别的划分

猪的群体划分以猪的年龄、性别、用途等为依据,划分的标准和名称必须统一,以便统计。不同性质的猪场划分的标准和名称略有不同,一般采取以下划分办法。

哺乳仔猪:从初生到断奶前的仔猪。

保育猪:指断奶至70日龄(即6～9千克至25～30千克)的幼猪。

生长猪:70日龄以后的猪群,体重一般指25～30千克至90～110千克阶段的猪。另外以体重大小来区别,即60千克以前叫生长前,60千克以后叫生长后,商品猪又叫肥育猪。

繁殖猪:繁殖猪群包括后备猪,核心群(选育群)和基础群。

后备猪:指从90千克到配种以前暂时选留的公、母猪。公猪叫后备公猪,母猪叫后备母猪。

核心群:是指8月龄以后参加过配种,但仍待选择的年轻种猪和已产过1胎的1岁半左右,但仍待选择的年轻母猪。

基础群:即成年公、母猪,是指经过育种选择合格的1岁半以上的种公、母猪。

淘汰猪:是指失去种用价值的后备与成年公、母猪和因病不愈或因伤致残的生长猪。

三、猪群的合理结构

规模猪场的猪群存在合理调进、调出与数量增减的变化,但不能幅度过大或自行发展,而要根据生产节律和生产设备加以控制。各品种种猪的比例严格根据种猪年淘汰数的要求和生产目的来限制生产。对于有繁殖生产的猪场补充选留后备的原则为公猪的选留比例为 5∶1,母猪的选留比例为 3∶1 较好。

种猪场和自繁自养猪场猪群结构由种猪、后备猪、哺乳仔猪、断奶仔猪和生长猪等组成。各类猪群在生产总体活动中的地位与作用各不相同,在总群体内部比例的确定,取决于猪场的生产方向、计划任务与养猪生产水平。

繁殖母猪的比例,约占猪群的 1/11～1/8。高于或低于这个比例,表明生产中母猪繁殖力太低,仔猪死亡率高或生长猪发育受限,母猪比例应做适当调整。

繁殖猪群中的母猪年龄结构不容忽视,一般 3～6 胎的青壮年母猪应占 60%左右,6 胎以上生产性能好的母猪不应超过 15%,1～2 胎母猪占 25%～30%为宜。后备母猪选留数应为淘汰母猪数的 3 倍。

公猪与母猪的比例,在自然交配情况下一般为 1∶20～30,人工授精方式配种,一般为 1∶200。公猪的年龄结构为 2～3 岁公猪要占 60%以上,1～2 岁公猪要占 30%,3 岁以上公猪约占 10%左右,后备公猪选留数则为淘汰数的 5～10 倍。

四、猪群的周转

猪群的变动称之为猪群周转。猪群周转应遵循如下原则:①后备猪达到性成熟(8～10 月龄)以后,经配种妊娠转为核心猪群。②核心群母猪分娩产仔后,根据其繁殖性能(产仔数、初生重、泌乳力和仔猪育成率等情况)进行选育,合格者转入基础母猪群,不合格者淘汰。核心公猪繁殖性能优良者转入基础公猪群,不合格者淘汰。③基础公、母猪在利用 3～4 年后,生产性能下降者淘汰。

基础种猪群的组成与周转见图 6-1。

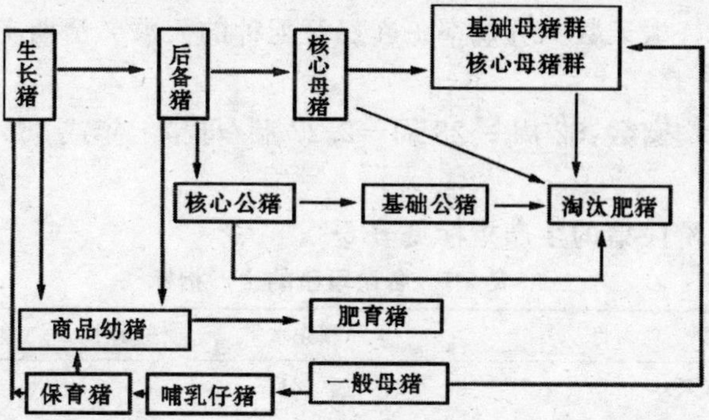

图 6-1　基础种猪群的组成与周转情况

五、主要生产指标

(一)生产指标

公母比例本交为 1∶25,育种为 1∶5～10,人工授精为 1∶200;

种猪使用年限平均 3 年;

母猪断奶至发情的天数 7 天;

情期受胎率 85%;

确定妊娠的天数为 28 天;

产前进产房天数为 7 天;

妊娠舍饲养日 79 天(114－28－7);分娩率 90%;

窝产活仔数 10 头;

哺乳时间,自繁自养商品场为 21 天,种猪场为 28 或 35 天;

哺乳仔猪成活率 90%;

保育期为 42 或 49 天;保育期成活率 95%;

生长肥育期天数 105 天;肥育猪成活率 98%;

繁殖周期:16 周妊娠＋4 周哺乳＋1 周空怀＋2 周生产无效期

=23 周

或妊娠天数／分娩率＋断奶至配种的天数／情期受胎率＋哺乳天数

年产窝数:52 周÷ 23 周=2.27 胎/母猪·年或 365 天／繁殖周期

各阶段猪的生产指标见表 6-1。

表 6-1　各阶段猪的生产指标

项　目		领先水平	较高水平	较低水平
哺乳期(天)		21	25	28
断奶至下次发情(天)		<6	6~9	>10
母猪年产胎次(胎)		2.2	2.1	2.0
胎产健壮仔数(>700 克)(头)	经产	10.0	9.6	9
	初产	9.2	8.5	8
健壮仔猪哺乳期成活率(%)		97	90	85
保育猪成活率(%)		97	92	88
生长肥育猪成活率(%)		98.5	97	94
全程成活率(%)		90	85	75
初生重(千克)	经产	1.4~1.5	1.3~1.4	<1.3
	初产	1.2~1.3	1.0~1.2	<1.0
25 日龄重(千克)		7.2	6.8	6.0
56 日龄重(千克)		20	19	17
0~100 千克日龄(天)		150~160	160~170	>170
料肉比	全程	2.4:1	2.6:1	2.8:1
	全群	2.9:1	3.2:1	3.4:1
配种分娩率(%)	经产	85	83	80
	后备	90	85	80

注:以上为年平均生产成绩

(二)猪场存栏猪结构

以存栏的基本母猪数或年出栏肥猪数计算,计算方法如下:

妊娠母猪数=周配母猪数× 15 周

临产母猪数＝周分娩母猪数＝单元产栏数

哺乳母猪数＝周分娩母猪数×3周

空怀断奶母猪数＝周断奶母猪数＋超期

未配及妊检空怀母猪数(周断奶母猪数的1/2)

$$后备母猪数=\frac{成年母猪数\times 30\%}{12个月}\times 4个月$$

$$成年公猪数=\frac{周配母猪数\times 2}{2.5(公猪周使用次数)}+1-2头$$

(注:母猪每个发情期按2次本交配种计算)

仔猪数＝周分娩胎数×4周×10头/胎

保育猪数＝周断奶数×4周

中大猪数＝周保育成活数×16周

年上市肉猪数＝周分娩胎数×52周×9.1头/胎

万头猪场均衡生产的猪群结构见表6-2。

表6-2 万头猪场均衡生产的猪群结构

母猪	胎龄结构	胎龄比例(%)	后备 7～10		1～2 23.5	3～4 23.5	5～6 23.5	7～8 23.5	9 6.0	
	生产	阶段(周)	待配	0～3	4～6	7～9	10～12	13～15	待产	哺乳
	阶段	比例(%)	5.0	15.6	14.5	14.2	13.8	13.8	4.6	18.5
商品猪	生长阶段比例(%)		哺乳 18.8	保育 21.4	小猪 20～50 25.0		中猪 50～75 17.0		大猪 75～95 出栏 17.8	
万头猪场(总存栏5458头)		种类	公猪	后备	空怀	妊娠	哺乳	乳猪	保育猪	小中大猪
		头数	8	30	20	385	65	930	930	2960

注:平均按8.5胎淘汰,即生产3.5年,配种即算胎龄。按乳猪饲养28天,保育猪饲养35天,生长肥育猪饲养100天计算

(三)各类猪的占栏数量和单元数

产房:以周为单位全进全出;

每个单元的产床数=周产仔窝数；

单元数=哺乳周数+2(母猪提前进产房1周，空舍消毒1周)

保育舍：以周为单位全进全出，若采取并窝，则保育床数相应减少。

每个单元的保育床数=周产仔窝数

保育舍的单元数=保育周数+1

生长肥育舍：以周为单位全进全出，一般每个栏饲养8～10头，若采用原窝肥育，则：

每个单元的栏数=周产仔窝数

若并窝，则：

每个单元的栏数=每个单元保育仔猪数/每个栏圈饲养头数

生长肥育舍的单元数=生长肥育期的周数+1(一般9周龄转肥育舍，肥育期112天即16周，体重达100千克左右)

妊娠母猪舍：可采用单体限位栏饲养，也可采用3～4头小群饲养，尽可能采用全进全出，以周为单位来安排每个单元的单体栏数或栏圈数。

空怀母猪和后备母猪4头左右小群饲养，种公猪和后备公猪单圈饲养，均为半漏缝地面平养，栏圈数可根据存栏数量安排在1栋或几栋猪舍。

(四)猪场饲料管理参数

见表6-3至表6-6。

表6-3 各类猪喂料标准

阶 段	饲喂时间(天)	饲料类型	喂料量(千克/头·日)
后备	90千克至 配种	后备料	2.3～2.5
妊娠前期	0～85	孕前料	1.8～3.0
妊娠后期	86～107	孕后料	2.8～3.5
产前7天	107～114	哺乳料	3.0
哺乳期	0～21	哺乳料	1.0～4.5以上

续表 6-3

阶段	饲喂时间(天)	饲料类型	喂料量(千克/头·日)
空怀期	断奶至配种	哺乳料	2.5 ～ 3.0
种公猪	配种期	公猪料	2.5 ～3.0
哺乳仔猪	出生至28(35)天	开口料	0.18
保育猪	29 ～ 60	保育料	0.50～1.1
生长前猪	78 ～ 119	生长前料	1.90
生长后猪	120 ～ 168	生长后料	2.25

表 6-4 肉猪各阶段最佳日增重、采食量、料肉比

阶段	日增重(克)	采食量(克)	料肉比
24～36日龄(6.5～10千克)	267	334	1.25
37～56日龄(10～20千克)	468	766	1.64
57～88日龄(20～40千克)	655	1386	2.11
89～124日龄(40～70千克)	741	1911	2.58
125～158日龄(70～90千克)	765	2555	2.53
24～158日龄(6.5～90千克)	653		2.39

表 6-5 各阶段猪耗料

阶段	日龄	饲养天数(天)	体重(千克)	料型	每天耗料(千克)	阶段耗料(千克)	所占比例(%)
哺乳期	1～28	28	7	乳猪料	0.1	2	1%
保育期	29～49	21	14	仔猪料	0.6	12	5%
小猪期	50～79	30	30	小猪料	1.1	33	14%
中猪期	80～119	40	60	中猪料	2.0	80	33%
大猪期	120～160	41	90	大猪料	2.8	115	47%
合计		160				242	100%

表 6-6　出栏万头商品猪规模猪场年饲料用量参考

猪　别	每头耗料量（千克）	头　数	饲料量（千克）	所占比例（%）
哺乳母猪	250	500	125000	4.2
空怀母猪	80	500	40000	1.3
妊娠母猪	620	500	310000	10.5
哺乳仔猪	2	10700	21400	0.7
保育仔猪	12	10300	123600	4.2
小　猪	33	10100	333300	11.2
中　猪	80	10100	808000	27.2
大　猪	115	10000	1150000	38.8
公　猪	900	20	18000	0.6
后　备	240	160	38400	1.3
合　计			2967700	100

哺乳母猪每天维持需要 2 千克，另外每哺乳 1 头仔猪加 0.3 千克；母猪哺乳期平均采食量 5 千克。

（五）猪场繁殖参数

1. 种猪淘汰原则　后备母猪超过 8 月龄以上不发情的；断奶母猪两个情期（42 天）以上或 2 个月不发情的，母猪连续 2 次、累计 3 次妊娠期习惯性流产的；母猪配种后复发情连续 2 次以上的，青年母猪第一、第二胎活产仔猪窝均 7 头以下的；经产母猪累计 3 产次活产仔猪窝均 7 头以下的，经产母猪连续 2 产次、累计 3 产次哺乳仔猪成活率低于 60%，以及泌乳能力差、咬仔、经常难产的母猪；经产母猪 7 胎次以上且累计胎均活产仔数低于 9 头的；后备公猪超过 10 月龄以上不能使用的。公猪连续 2 个月精液检查（有问题的每周精检 1 次）不合格的；后备猪有先天性生殖器官疾病的；发生普通病连续治疗 2 个疗程不能康复的种猪；发生严重传染病的种猪。由于其他原因而失去使用价值的种猪。

严格遵守淘汰标准：分周或月有计划地均衡淘汰。现场控制与检定，最好是每批断奶猪检定1次；保持合理的母猪年龄及胎龄结构。

2. 种猪淘汰计划 母猪年淘汰率25%～33%，公猪年淘汰率40%～50%。后备猪使用前淘汰率：母猪淘汰率为10%，公猪淘汰率20%。

3. 后备猪引入计划

(1)老场

$$后备猪年引入数=\frac{基础成年猪数\times 年淘汰率}{后备猪合格率}$$

(2)新场

$$后备猪引入数=\frac{基础成年猪数}{后备猪合格率}$$

或后备母猪引入数＝满负荷生产每周计划配种母猪数× 20周

生产工艺流程(以年出栏肥育猪1万头，生产母猪500头规模为例)见图6-2。

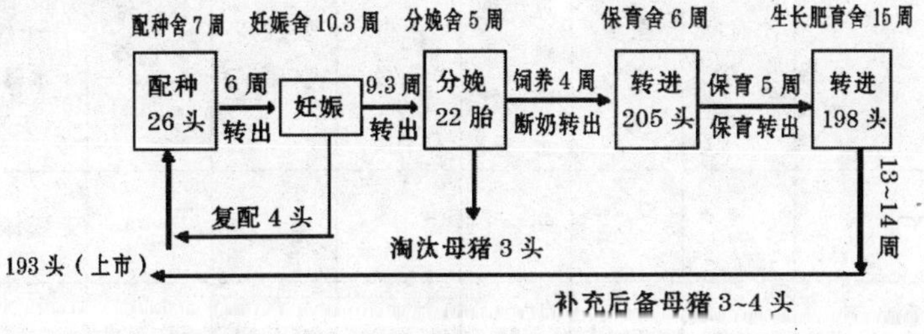

图6-2 年产万头猪场生产工艺流程

4. 初配目标

(1)配种年龄和体重 假如必要的适应已全部完成，并且母猪达到很好的背膘厚，初配日龄应为210～230天，初配体重120千克以上。

(2)发情日龄 环境对初情期有显著影响，所以初次发情日龄是很不一致的。

(3)背膘厚　体况特别是背膘厚是显示初配最合适状态的一个重要指标。建议引进瘦肉型猪应在背膘18～22毫米时配种，最低不低于16毫米。

(4)性成熟　性成熟通常决定于母猪发情次数，认真观察和详细记录是识别性成熟的关键。推荐在第三、第四次发情时配种比较适宜。

(5)种公猪的合理利用　后备公猪7～8月龄、体重达120千克以上开始配种；8～12月龄的公猪每周配种1～2次；1周岁以上月龄的公猪每周配种2～3次；2.0岁以上的公猪每周配种3～4次。育种核心群公猪建设使用1.5岁以内。

(六)猪场猪只饮水管理参数

猪场饮水管理参数见表6-7。

表6-7　各类猪群的饮水及饮水器

项目 阶段	每天饮水时间（分钟）	饮水器流水量至少（毫升/分）	猪每天采食1千克干饲料至少需要饮水（升）	日消耗水量（升/头）	饮水器安装高度（厘米）	饮水器的选择	多少头猪安装1个饮水器（头）
哺乳仔猪						10～15	无压杯式
断奶仔猪 (7～12千克)			2	1.5～2.5	20～30	无压杯式	6～8
小　猪 (20～50千克)	30～40	250	2～2.5	2.5～4.0	30～45	乳头式	6～8
中　猪 (50～75千克)	30～35	1000	2.5～3	4.0～6.0	45～50	乳头式	6～8
大　猪 (75～100千克)	30～35	1000	2.5～3	6.0～7.5	50～60	乳头式	6～8

续表 6-7

阶段 \ 项目	每天饮水时间（分钟）	饮水器流水量至少（毫升/分）	猪每天采食1千克干饲料至少需要饮水（升）	日消耗水量（升/头）	饮水器安装高度（厘米）	饮水器的选择	多少头猪安装1个饮水器（头）
断奶母猪 后备母猪	20	2000	5	15～20	60～70	乳头式	1个/头
公　猪	20	2000	5	15～20	80	乳头式	1个/头
哺乳母猪	20～30	2500	5	45	60～70	乳头式	1个/头

注：①仔猪出生后3天就会有饮水行为，应满足乳猪的饮水。补饲时一定要供给充足的清洁饮水，否则补饲经常不成功。②所有供水管道不得暴露在室外，防止夏季水温过烫，冬季水温过冷、冻坏水管。③安装角度为朝下45°角

（七）适宜的饲养密度

猪适宜饲养密度见表6-8。

表 6-8　各阶段猪适宜的饲养密度

阶　段	密度（米²/头）	群体（头/栏）	食槽宽度（厘米）	备　注
保育猪	0.3～0.35	16～18	18～22	每头猪所占面积
20～50 千克	0.5～0.55	16～17	30～35	不包含食槽面积
50～70 千克	0.6	15～17	35～40	
70～100 千克	1.0		35～40	
公　猪	10.0	1	55～60	
怀孕母猪	1.3	1	50～55	配有运动场
空怀母猪	1.3	1	50～55	
哺乳母猪	3.5—4.0	1	50～55	

(八)猪场管理环境参数

1. 各阶段猪温度、湿度要求 见表6-9。

表6-9 各阶段猪温度、湿度要求

<table>
<tr><th>猪群</th><th>日龄</th><th>体重
(千克)</th><th>适宜温度
(℃)</th><th>临界高温
(℃)</th><th>临界低温
(℃)</th><th>适宜湿度
(%)</th></tr>
<tr><td rowspan="5">哺乳仔猪</td><td>初生当天</td><td>1.5</td><td>35～32</td><td rowspan="5">37</td><td rowspan="2">30</td><td rowspan="3">60～70</td></tr>
<tr><td>1～3日</td><td>1.5～2.0</td><td>32～30</td></tr>
<tr><td>4～7日</td><td>2.0—2.5</td><td>30～28</td><td>28</td></tr>
<tr><td>8～13日</td><td>2.5—4.5</td><td>28～25</td><td rowspan="2">23</td><td rowspan="9">60～80</td></tr>
<tr><td>14～25日</td><td>4.5—7.5</td><td>25～23</td></tr>
<tr><td rowspan="2">保育仔猪</td><td>25～35日</td><td>7.5～9.5</td><td>28～25～23</td><td rowspan="2">30</td><td>20</td></tr>
<tr><td>36～63日</td><td>9.5～25</td><td>23～20</td><td>18</td></tr>
<tr><td>生长猪</td><td>10～16周</td><td>25～65</td><td>20～18</td><td>27</td><td>13</td></tr>
<tr><td>肥育猪</td><td>17周至出栏</td><td>65～95</td><td>18～17</td><td>27</td><td>10</td></tr>
<tr><td>公猪</td><td></td><td></td><td rowspan="2">15～18</td><td>25</td><td>10</td></tr>
<tr><td>妊娠、空怀母猪</td><td></td><td></td><td rowspan="2">27</td><td rowspan="2">10</td></tr>
<tr><td>哺乳母猪</td><td></td><td></td><td>18～20</td></tr>
</table>

2. 通风 舍内空气流速要求春、秋、冬季为0.2～0.4米/秒，夏季为0.4～1米/秒。

3. 空气新鲜度 要求猪舍内氨气(NH_3)浓度≤10毫克/米^3，硫化氢(H_2S)浓度≤7毫克/米^3，二氧化碳(CO_2)浓度≤1 500毫克/米^3。

(九)猪场生产数据的计算机管理

近10年来，种猪场管理软件已被许多种猪场采用帮助管理，企业计算机管理是企业管理现代化的重要组成部分，有效地使用计算机管理能够快速、准确地获得信息，帮助我们进行有效的管理与决策，因此，当今知识经济时代计算机管理在企业管理中必不可少。

生产数据管理包括:生产数据的收集、录入和生产报表产生。目前,我国种猪场使用的生产管理软件种类很多,如美国开发的INSIGHT 软件、PIGCHAMP 软件和新西兰开发的 PIGWIN 软件等;国内开发的软件 GBS、飞天种猪管理系统软件及金牧软件等。以下针对种猪管理软件的共性问题阐述猪场生产数据管理的基本方法。

大多数种猪场一般是以周为单位安排舍内生产,例如,星期一后备猪转入,星期三断奶,星期四临产母猪转入分娩舍、母猪妊娠检查。

1. 后备猪转入和种猪死亡淘汰 每周周一后备猪转入到后备区,配种舍工作人员及时填写后备猪转入及上一周死淘种猪数据,一式三份,一份给计算机管理人员,一份给技术主管,另一份留底。主要生产报表见表 6-10,表 6-11。

表 6-10 后备猪转入

时间: 操作者:

个体号	性别	品种	品系	出生日期	父号	母号	初生重(千克)	断奶重(千克)	转入时间	转入位置

记录人:

表 6-11 种猪死淘

时间: 操作者:

个体号	性 别	品 种	品 系	死淘时间	死淘原因

记录人:

计算机管理人员把数据录入到管理系统中,系统自动注册后备猪及注销死淘猪。

2. 繁殖记录 按照生产安排,每周周三断奶,上周三到本周二的配种记录、妊检记录及公猪使用卡要认真填写。各种记录卡片见表 6-12 至表 6-19。

表 6-12　配种卡(配种记录)

栋号：　　　　　　　　　　　　　　　　序号：

母猪个体号：　　　　　　当前胎次：　　　　品种　　　品系：

配种计划给出预配公猪号：

配种时间　　　　与配公猪　　　　配种方式　　　　效果　　　　操作人

表 6-13　公猪使用卡

猪场　　　　　　　　周次：　　　　　　　　序号：

公猪个体号	星期三	星期四	星期五	星期六	星期日	星期一	星期二	合计
			V	V	V			3

表 6-14　妊娠检查记录

日期：　　　　　　　　周次：　　　　　　　　序号：

母猪号	栋号	配种日期	妊检结果	操作人

表 6-15 母猪分娩卡

栋号：		周次：		栏位：		接产员：		饲养员：
母猪号：								
品种：		品系：				预产期：		
胎次	配种日期	与配公猪	实际分娩日期	活仔	死胎	木乃伊	弱仔	窝重
哺乳仔猪清单：		转出	转入	原因	发病症状		发病日期	治疗
死亡日期	死亡原因							

表 6-16 断奶卡(断奶记录)

栋号：	周次：		栏位：	饲养员：			
母猪号：							
品种：	品系：		预产期：				
实际分娩日期	活仔	死胎	木乃伊		弱仔	断奶日期	断奶数
窝 重	断奶成活率						
断奶仔猪清单：	转出	转入	断奶重量	去向	发病症状	发病日期	治疗
死亡日期	死亡原因						

3. 免疫、转群记录 见表 6-17 至表 6-19。

表 6-17 免疫记录单

猪场 周次： 序号：

免疫日期	免疫猪号(组号)	免疫种类	免疫数量	疫苗来源	操作人

表 6-18 保育—肥育转群记录

日期：　　　　　　　　栋号：　　　　　　　　序号：

保育栏位号	数量	重量	去向	保育期耗料

表 6-19 生长猪出售及转群记录

栋号：　　　　　　　　序号：　　　　　　　　饲养员：

日　期	品种/类别	数量/重量	去　向	肥育期耗料

4. 生产报表　种猪生产管理系统软件大多都能根据用户指令产生符合条件的生产报表，如：周报表、月报、种猪状态查询、生产性能统计及多种卡片打印。周报(月报)是反映 1 周或 1 个月生产情况，见表 6-20，表 6-21。

表 6-20　日报表

日期：　　　　　　（日报表反映猪群动态变化，便于猪群管理）

品种	位置	类别	期初	转入	购入	转出	出售	死亡	淘汰	自宰	期末
YY	配种舍	种公 种母 后公 后母									
	产房	种母 仔猪									
LL	配种舍	种公 种母 后公 后母									
	产房	种母 仔猪									
YY	保育猪	公 母									
LL		公 母									
YY	生长猪	公 母									
LL		公 母									

注：猪群变动的详细情况

表 6-21 生产周报(月报)

猪场　　　　　　　　统计期限：

存栏周转情况									
位置	类别	月初数	转入	转出	出售	死亡	淘汰	自宰	月末数
配种舍	种公 种母 后公 后母								
产房	种母 仔猪								
保育	仔猪								
肥育	肥育								

<table>
<tr><th colspan="21">繁殖情况</th></tr>
<tr><th colspan="9">配种、妊检</th><th colspan="8">分娩情况</th><th colspan="4">断奶情况</th></tr>
<tr><th rowspan="3">配种头数</th><th colspan="8">妊　检</th><th rowspan="3">分娩母猪</th><th rowspan="3">分娩数</th><th rowspan="3">总产仔</th><th rowspan="3">活仔</th><th rowspan="3">健仔</th><th rowspan="3">弱仔</th><th rowspan="3">死胎</th><th rowspan="3">木乃伊</th><th rowspan="3">断奶窝数</th><th rowspan="3">断奶头数</th><th rowspan="3">断奶重</th><th rowspan="3">成活率</th></tr>
<tr><th colspan="2">24 天</th><th colspan="2">30 天</th><th colspan="2">50 天</th><th colspan="2">90 天</th></tr>
<tr><th>头数</th><th>%</th><th>头数</th><th>%</th><th>头数</th><th>%</th><th>头数</th><th>%</th></tr>
<tr><td></td><td></td><td></td><td></td><td></td><td></td><td></td><td></td><td></td><td></td><td></td><td></td><td></td><td></td><td></td><td></td><td></td><td></td><td></td><td></td><td></td></tr>
</table>

第二节　猪场的计划管理

计划管理是猪场经营管理的重要组成部分，是由计划编制、执行检查与分析等部分构成。根据时间长短分为长远计划、年度计划与阶段性工作计划。根据内容计划可分为人员管理、物资管理和技术管理。各项计划之间要相互联系，相互补充完善，相互交叉渗透，形成一个良好的计划体系，一切管理才能做到有章可循。

一、长远计划

长远计划即远景规划，是猪场3～5年或更长时间发展纲要，是年度计划安排的依据。长远计划的内容包括：发展方向、任务、生产规模与发展速度，产品的产量与产值，投入产出与经济效益的估算，职工人员的培训等。

长远计划不是一成不变而是要根据市场需要和经营状况，通过年度计划来调整落实。

二、年度生产计划

年度生产计划的制定是在总结上一年度基础上制定的。是指导当年生产的总体方案，是长远计划的实施细则。制定全年生产总任务，根据猪场规模，制定出全年母猪产仔窝数和产活仔数，各类猪的成活率，增重与饲料利用，全年产值与利润等。

配种分娩计划：制定每月（每周）繁殖母猪配种、分娩、仔猪断奶、种猪与商品猪出售头数及重量。上述计划是猪场猪群周转与生产指标考核的依据。

猪群周转计划：猪群周转计划的实施状况反映出在某一段时间内，猪只因出生、死亡、生长、淘汰而引起的增减变化，同时也是产品质量与数量结算的重要依据。

三、阶段作业计划

是年度生产任务在各个不同时期的具体安排，可按照季度或月份等期限来编制。其主要作用是根据年度计划的要求，结合本阶段的具体任务，合理组织劳动和物资供应，使全部作业在规定时间内，按质按量的进行，以保证年度计划的实现。由于规模猪场各生产环节均采用均衡生产方式，生产节律以周为单位，以周为单位的生产计划和操作融入年度计划，但分阶段作业计划（按季或月）仍有它的作用。

现场管理

1. 全场管理 根据工艺流程安排一周的工作内容，对每一项内容提出具体的要求，监督执行。一般每周的工作内容如下。

星期一

大扫除：更换消毒液，清洁卫生，清扫猪舍墙壁、天花板、风扇及其他设备。

查情配种：对待配的后备母猪、断奶的成年空怀母猪和妊娠前期返情的母猪进行发情鉴定和人工授精。

转猪：从妊娠舍内将产前1周的母猪群转至分娩母猪舍；育成猪从生长舍转肥育舍。对转出的空舍或栏位进行清洗消毒和维修工作。

星期二

查情配种：对待配空怀母猪进行发情鉴定和人工授精配种。

阉猪：哺乳小公猪去势。

转猪：保育舍仔猪转入生长舍。对转出的空舍或栏位进行清洗消毒和维修工作。

免疫注射：兽医防疫注射。

星期三

查情配种：母猪发情鉴定和配种。

设备检修：机电设备检查与维修。

免疫注射：兽医防疫注射。

星期四

更换消毒液。

查情配种：母猪发情鉴定和人工授精配种。

转猪：断奶母猪赶回配种舍，将上周断奶仔猪转入保育舍。分娩舍的清洗消毒和维修。

星期五

查情配种：母猪发情鉴定和人工授精配种，对断奶1周后未发情的母猪采取促发情措施。

转猪：已配种母猪转入妊娠舍。

星期六

备原料:检查饲料储备数量,制定下周的饲料、药品等物资采购与供应计划。查污染:检查排污和粪尿处理设备。

写总结:填写本周各项生产记录和报表,总结分析 1 周生产情况。

种猪随时出售,肉猪最好计划出售。

2. 各车间现场管理

(1)配种妊娠舍管理

①每天工作日程

喂料:每日定时定量喂料,根据公、母猪体况、食欲等适量增减;及时清扫散落在饲槽外面的饲料;给产前 1 周及便秘母猪投服轻泻剂。

清粪:定时清理圈内或限位栏后门的粪便。

发情鉴定与配种:将后备母猪及断奶 4 天后的母猪暴露在公猪栏里试情,以刺激发情和检出发情母猪。发情的母猪进行人工授精或本交配种。检查复发情。对配种后 18～24 天和 38～44 天的母猪进行重点检查或试情,落实是否受胎。填写公、母猪交配记录。

检查和治疗病猪:饲喂时看食欲,清扫时看粪便,查群看精神,查出并记录食欲差、厌食、便秘、跛行、流产、子宫阴道炎等不正常猪或病猪,及时治疗或汇报。

检查环境与设备:每日上、下班或(和)中间应检查记录舍内温度、湿度及空气状况,及时启闭窗户或排气扇。每日上、下班应检查自动饮水器是否有水或漏水,各种设备是否正常,并注意必要的保养或维修。

②每周工作日程

星期一

更换脚盆消毒液。清洁卫生。清扫猪舍墙壁、天花板、风扇及其他设备。将产前 1 周妊娠母猪转至分娩舍。对已配种的母猪进行妊娠检查,妊娠检查阴性的母猪和断奶后 15 天以上仍未配上种的母猪集中在配种栏内，以便采取措施，尽早发情配种。用左旋咪唑或阿维菌素为产前4周的母猪驱虫。整理分析配种记录。

星期二

剔除淘汰猪，即生产记录中性能表现较差的母猪，四肢及全身疾患难以康复的猪，2次以上流产、3次返情、2次阴道炎（子宫炎）的猪，后备母猪阴户发育不良、体型和生产性能较差的应予以淘汰，对于老龄、生产水平下降的母猪应有计划地淘汰。

星期三

调整猪群，填补空栏，为断奶母猪转入做准备。根据免疫程序，给产前4周左右的母猪注射疫苗。

星期四

将断奶母猪从产房赶回配种舍，将后备母猪赶到配种栏内，并放进公猪，以利发情。为即将转群的母猪填好分娩记录卡片。更换脚盆消毒液。

星期五

将已妊娠的母猪从配种栏（舍）赶到妊娠栏（舍）。制定下周配种计划。其他工作为每年给公猪驱虫2次（同一天对所有公猪同时进行）。按免疫程序给公猪及后备母猪注射疫苗。

(2)分娩舍管理

①每天工作日程

母猪喂料：根据母猪不同状态定时适量饲喂。

产前当天不喂料，产后当天喂料1千克，以后逐步增加，直至泌乳期正常喂量。喂量还应根据带仔数、食欲、体况等适当增减。断奶当天停止喂料。每天及时清理饲槽内剩料。对于未分娩母猪、产后5天以内的母猪、便秘母猪喂以轻泻剂。

仔猪补料：仔猪5～7日龄开始补料，饲料应保持新鲜，营养均衡，适口性好，易消化。

接产：推测产仔时间。最后1对乳头能挤出白色乳汁，预示12小时以内分娩，呼吸超过90次/分，预示4小时以内产仔。准备好接产用具。专人照顾正在分娩的母猪。

仔猪护理：仔猪出生后先擦净黏液，然后断脐、剪牙（上下腭各4个犬齿）、断尾，并尽快吃初乳，放入保温箱。尽快进行仔猪称重、打耳号、填写分娩记录。第三天注射补铁剂。

仔猪寄养：母猪死亡、有病、泌乳不足、产仔过多时，常将部分或全部仔猪寄养出去，根据仔猪出生日期、大小、数量等进行寄养，寄养出去的仔猪要注意必须吃到2小时的初乳。避免腹泻仔猪的调动，以防传染。

检查仔猪：腹泻（常由母猪泌乳不足、饲料品质差、寒冷等引起），跛行（外伤、畸形或疾病），精神不振、生长不良、吃乳不足、寒冷或疾病。

检查母猪：

食欲（食欲不振或厌食），排泄（是否便秘，是否有不正常的阴道分泌物排出），乳房（是否坚硬、红肿、热、疼），呼吸与体温（是否正常）。

记录和治疗病猪：检查发现不正常的母猪和仔猪应记录并及时进行治疗和处理。

检查环境与设备：上、下班及中间应检查分娩舍温度、仔猪保温箱温度、舍内空气污浊度，发现不正常应及时进行调整处理。检查自动饮水器是否有水或漏水，加热设施、风扇、设备等是否正常。

清扫及清理分娩舍：及时清除母猪排出的胎衣，移走死亡小猪，收拾用具、器械，进行必要的清洁卫生。

②每周工作日程

星期一

更换脚盆消毒液，清洗猪舍入口。将产前7天的母猪从妊娠舍调入分娩舍。清洁卫生。清扫猪舍墙壁、天花板、风扇及其他设备。整理分析产仔记录。

星期二

按照免疫程序给猪注射疫苗。给丢掉耳标的母猪打耳标。

星期三

为星期四断奶的母猪填写断奶记录卡片。下周准备为断奶的小猪打耳标。冲洗分娩舍前门。

星期四

将断奶母猪赶回配种舍，将上周断奶仔猪转入保育舍。清洗消毒已用过的圈舍，消毒分娩舍，更换脚盆消毒液。

星期五

给临产母猪挂上分娩记录卡，填报分娩舍生产情况表，冲洗分娩舍前门。

(3)保育和生长肥育舍管理

①保育和生长肥育舍每天工作日程

喂料：断乳第一天不喂或少喂料，并保持原饲料 4～7 天，再逐步换成断奶料。生长肥育猪根据不同体重阶段各自喂不同的饲料。及时清扫散落在饲槽外面的饲料。

清粪：定时清理舍内走道及栏舍内的粪便。

检查和治疗病猪：检查食欲、粪便、精神，查出并记录食欲差、厌食、腹泻、便秘、跛行等不正常猪或病猪，及时治疗或汇报。

检查环境与设备：每日上、下班或中间应检查、记录舍内温度、湿度及空气状况，及时启闭窗户或排气扇。每日上、下班应检查自动饮水器是否有水或漏水，各种设备是否正常，并注意必要的保养或维修。

②保育舍每周工作日程

星期一

清洁卫生。清扫猪舍墙壁、天花板、风扇及其他设备；驱虫。用左旋咪唑或阿维菌素为进入保育舍 2 周的仔猪驱虫。更换脚盆消毒液。

星期二

将在保育舍饲养到期的一个单元仔猪调到生长舍。冲洗消毒刚转群空出的圈舍及消毒整个保育舍。

星期三

按免疫程序给仔猪注射疫苗。

星期四

将断奶仔猪由分娩舍移入保育舍，填写记录卡，更换脚盆消毒液。

星期五

调整各组猪群，填报保育猪生长情况表。

③生长肥育舍每周工作日程

星期一

根据猪的体重、性别、品种等要求，将一个单元的生长猪转到肥育舍。冲洗、消毒刚转群空留的圈舍。清扫猪舍墙壁、天花板、风扇及其他设备。更换脚盆消毒液。

星期二

将在保育舍饲养到期的一个单元仔猪调到生长舍。

星期三

根据外貌和前一时期的生长发育测定情况选留后备猪，留种的打上耳标。按免疫程序给生长肥育猪注射疫苗。

星期四

发运和出售肥育舍的肥猪。冲洗消毒刚转群空出的圈舍和出猪台。更换脚盆消毒液。

星期五

填报生长肥育猪生长情况表。

四、生产指标的核定与工资分配原则

现代企业竞争的实质是“人”的竞争，规模化猪场也不例外。“人”是一个企业生产经营活动中最活跃的因素，把人管理好，事情也就做好了一多半。当前很多规模化猪场从业人员（尤其是最基层员工）薪资水平较低，因此很多猪场面临着人员流动性大、员工队伍不稳定、积极性不高等诸多问题，严重影响规模化猪场生产水平的提高。现代化猪场要根据本企业的工作条件与生产规模核定出各项生产指标，工资分配本着多劳多得的原则与生产指标紧密挂钩。生产指标和定额在核定时要有一个合理的基础点，要通过员工的努力工作才能达到和超额，超额部分以奖金的形式每月兑现发放，对生产指标完成比较好和生产业绩较突出的员工在年终时应给相应的奖励。一个员工的工资收入应和他的劳动付出、生产业绩成正比。员工的劳动报酬和他们切身利益紧密相关，因此，不管企业的效益好坏，每月都要按时给员工发放工资，这样才能充分调动员工们的工作积极性，努力完成各自的本职工作。

规模猪场一般可采用以下的操作模式。

(一) 各车间生产内容、生产指标

结合各场现场人员、圈舍、工作精细程度、劳动强度以及节律周期、出栏形式等实际情况制定各车间的生产内容、定员及生产指标。以拥有 1 000 头基础母猪的猪场为例，以周为生产节律，生产工艺流程分为配种、妊娠、分娩、保育和生长肥育 5 个阶段。配种阶段(包括妊娠前期)从断奶至配种后 42 天；妊娠阶段(包括妊娠中期、后期)从妊娠 42 天至妊娠 107 天；分娩阶段指母猪从妊娠 108 天到产后 28 天断奶，仔猪 28 日龄断奶，原圈饲养 1 周，35 日龄转至保育舍；保育阶段指 36 日龄至 90 日龄；生长肥育阶段指 91 日龄至 170 日龄左右出栏。

1. 配种妊娠车间

生产内容：饲养公猪、妊娠母猪、后备猪等以及配种、育种等工作。

生产指标：可繁母猪年平均产 2.2 窝以上，每头母猪窝均产活仔 10.5 头以上，配种分娩率 85%以上，健仔率 95%以上。

2. 分娩保育车间

生产内容：哺乳母猪、哺乳仔猪、保育仔猪的饲养管理工作。

生产指标：

①产房：28 日龄断奶，35 日龄转群时平均体重在 10 千克以上，仔猪窝均转群在 9.5 头以上。

②保育：70 日龄转群时平均体重在 28 千克以上，料重比 1.6 以下，育成率 98%以上。

3. 生长肥育车间

生产内容：生长肥育猪的饲养管理工作。

生产指标：170 日龄体重达 100 千克以上；成活率 97%以上；料重比 3 以下。

(二)工资计算方法

计算公式如下。

工人工资＝基本月工资＋批次效益工资＋其他补助

其中

$$批次效益工资=\frac{本批次生产分数完成比例\times 300\ 元/月}{30\ 天}\times 本批次生产天数$$

$$分数完成比例=\frac{本批次生产分数}{本岗位\ 300\ 元所对应的分数基数}$$

各车间主管、兽医的工资＝基本月工资＋效益工资

其中

主管、兽医效益工资＝本车间饲养员本月所有结算批次的平均效益工资×1.5。

场长、副场长的工资＝基本月工资＋效益工资

其中

场长、副场长的效益工资＝主管、兽医本月平均效益工资×2

(三)生产分数计算方法

1. 公猪饲养员兼配种员、妊娠前期饲养员、后备饲养员分数计算方法 窝均产活仔为 10.5 头时分数为 1 000 分，窝均产活仔每增减 0.01 头奖罚 10 分。

生产分数与效益月工资基数标准：生产分数基数为 1 000 分，效益月工资基数为 300 元。

2. 妊娠中期、后期饲养员分数计算方法 健仔率为 95%时分数为 1 000 分，健仔率每增减 0.01%奖罚 10 分。生产分数与效益月工资基数标准：生产分数基数为 1 000 分，效益月工资基数为 300 元。

3. 产房饲养员分数计算方法 每批次按30头母猪计算。

28日龄断奶，35日龄转群时体重在9.5千克以上（含9.5千克）的合格仔猪，每千克计1分；体重在7～9.5千克（含7千克）的合格仔猪，每千克计0.6分；体重在7千克以下的仔猪，每千克计0.4分；35日龄转群时，若窝平均活仔数超过9头，则超过部分每头奖励10分。

生产分数与效益月工资基数标准：产房分数基数为2 000分，效益月工资基数为300元。例如，某一批哺乳仔猪28日龄断奶，35日龄转群时体重在9.5千克以上（含9.5千克）的合格仔猪有270头，重量为2 970千克，每千克计1分，则分数为2 970分；体重在7.0～9.5千克（含7千克）的合格仔猪有25头，重量为200千克，每千克计0.6分，则分数为120分；体重在7千克以下的仔猪有5头，重量为30千克，每千克计0.4分，则分数为12分；35日龄转群时本批次有300头仔猪，窝平均活仔数为10头，则按窝平均活仔数9头计算，超过30头，每头奖励10分，则奖励300分。则本批次的生产分数3 402分（2 970＋120＋12＋300）；本批次效益工资＝本批次生产分数完成比例×300元/月÷30天×本批次生产天数＝714.42元（3 402分/2 000分×300元/月÷30天×42天）。

4. 保育饲养员分数计算方法 每批次按580头仔猪计算。

70日龄转群时体重在15千克以上（含15千克）的合格仔猪，每增重1千克计0.2分；70日龄转群体重在15千克以下的仔猪，每增重1千克计0.04分。料重比：70日龄时，料重比为1.6，每增减0.01罚或奖10分。死淘率：该阶段死淘率2%，每增减1头罚或奖30分。

生产分数与效益月工资基数标准：保育阶段分数基数为2 000分，效益月工资基数为300元。

5. 肥育饲养员分数计算方法 每批次按400头肥猪计算。

肥育期间，每增重1千克计0.1分。料重比：料重比为3.0，每增减0.01罚或奖20分。死淘率：该阶段死淘率3%，每增减1

头罚或奖50分。

生产分数与效益月工资基数标准：肥育阶段分数基数为2 000分，效益月工资基数为300元。

(四)补充规定

合格猪，指各阶段转群时，达到相应阶段体重标准且无疾病的猪只。

健仔，指初生重在1.2千克以上，产后12小时内能自行站立、行走并具有吮乳能力的仔猪。新生畸形仔猪(包括八字腿、锁肛等)不计入活仔。

日龄，是指特定猪群的加权平均日龄。产房、保育和肥育阶段若因生产需要有提前或延迟出栏时，其总分数＝实际分数÷实际饲养天数×该阶段正常饲养天数。产房、保育和肥育三阶段正常饲养天数分别为35天、35天和100天。

在各指标考核计算中均采用四舍五入的原则，其中活仔数和发情配种率只保留1位小数，健仔率、头数、重量(增重)、死淘率和料重比只保留2位小数，生产分数不保留小数。

第三节　成本管理

规模化猪场的成本管理是养猪企业管理活动中永恒的主题。养猪生产的主要成本构成有：饲料成本、仔猪成本、职工工资、水电费(包括降温保暖费、低值易耗品费用、折旧维修费)、其他费用(管理、业务、办公、利息)等。其中，饲料成本占总成本的70%～80%，也是最有潜力可挖的部分。管理好成本，其直接结果是降低成本、增加利润、进而提升养猪企业的管理水平，增强养猪企业的核心竞争力。

猪场的成本核算就是对猪场生产仔猪、商品猪、种猪等产品所消耗的人力和物力总和进行计算，得到每生产1千克猪肉需要多少钱，或每出生1头小猪需要多少钱，即产品成本。

猪场通过成本管理，可以明确猪场成本构成的项目。如有不合理的开支项目，在核算的进程中必然会暴露出来，也反映了猪场成本管理的状况。通过成本管理，依据产品市场售价随时了解单位的盈亏状况。例如商品猪的售价是 6 元/千克，则处于赢利状况，而 4.82 元/千克则处于盈亏平衡临界点。这将有利于决策者依据市场价格随时调节生产进程，以利于提升经济效益。增强单位成本管理，并对核算的成果进行细致的剖析是提升猪场经济效益最重要的途径之一，因此要加强猪场的成本核算。

一、产品成本的构成及计算方法

产品成本由仔猪费、饲料费、人工费和其他费用构成。

仔猪费：同批仔猪的总支出费用。

饲料费：把同一批猪所消耗的全价饲料实际用量，一项项按单价计算出来再相加，得出费用总金额，除以同批出栏猪头数即为每头猪饲料费。

人工费：计算雇佣工人的工资。

其他费用：药费及防疫消毒费等。

以上各项累加后得出养猪的成本。

(一)影响产品成本的几个重要因素

1. 年产胎次对增重成本的影响　母猪群常见的流产率 2%～3%；空怀率 1%～2%；母猪群常见的问题母猪 2%～3%；母猪群常见的返情率 6%～12%；合计为：11%～20%；还不包括配后死亡、淘汰的 1%，因此母猪群体分娩率为：80%或 85%或 89%；若 23 天断奶，断奶后的母猪平均在 7 天再发情，则个体年产胎次：365 / (115＋23＋7)＝2.52 胎/年；群体年产胎次＝2.52×(80%或 85%或 89%)＝2.01 或 2.14 或 2.24。

若 500 头母猪的猪场年上市量：89%×2.52×10.0×90%×500＝10092 头；与 640 头母猪的猪场年上市量：80%×2.52×9.2×85%×640＝10092 头；二者年上市量是相同的，而 140 头母猪 1 年多耗饲料 1050×1.76×140＝26 万元。

2. 商品猪分摊生产母猪成本　1 头母猪年耗料成本 1050 千克×2.4 元/千克＝2 520 元，疫苗费＋药费＝100 元，更新成本

(1400＋600－1200)/3＝300 元；母猪成本合计＝2 920 元；若年上市 17 头，则每头成本 172 元；年上市 18 头，则每头成本 162 元，节约 10 元；年上市 19 头，则每头成本 154 元，节约 18 元；年上市 20 头，则每头成本 146 元，节约 26 元。因此，各场分摊母猪成本差异可能为 10～26 元。

3. 成活率对增重成本的影响 100 千克增重成本＝280 千克×2.4 元/千克＋146 元母猪成本＋35 元疫苗药费＋水电费用 15 元＋折旧费 25 元＋人工费和其他 25 元＝918 元；若 90％成活率，则每头成本 1020 元；若 88％成活率，则每头成本 1043 元，增加 23 元/100 千克；若 85％成活率，则每头成本 1080 元，增加 60 元/100 千克。各场每头猪成本的差异为 23～60 元。

4. 饲料报酬对增重成本的影响 100 千克增重料比为 2.8，则成本为 672 元；100 千克增重料比为 2.9，则成本为 696 元；100 千克增重料比为 3.0，则成本为 720 元；各场每头猪成本的差异 24～48 元。

通过产品成本分析看出：仔猪和饲料费约占总成本的 90％左右，其中饲料费不应超过 72％，在实际操作中如超过 72％，就应检查原因，分析是否受饲料成本的影响。因此，加强饲料成本的管理也是很重要的一项工作。

(二)规模猪场饲料成本的管理及核算

对规模猪场来说，饲料成本一般占总生产成本的 65％～75％，饲料成本比例过低，说明其他成本过高，支出结构不合理；饲料成本比例过高，存在饲料采购价格偏高、饲料在加工损耗和饲养过程中浪费的可能性。

饲料成本一般由采购成本、运输成本、仓储成本、加工成本和机会成本构成。饲料采购成本是指饲料的购买价格，它是影响养猪成本的重要因素；运输成本包括原料从供应商仓库到猪场仓库的运费、运输途中的损耗和搬运力资费等；仓储成本包括饲料仓库的折旧费、维修费和原料储存损耗等；加工成本包括加工机械折旧费、维修费、水电费、加工组人员工资及福利费等；机会成本是由于饲料大量储存，造成资金占用成本或因资金占用而造成其他投资机会的损失。猪场要加强成本管理，对饲料的采购、加工及出库各环节的管理、内部控制和核算非常重要。

1. 岗位设置及职责分工

(1)岗位设置　规模猪场应设有采购、验收、保管、加工等岗位，负责本场各种原料采购、入库验收、储存保管、生产加工、成品饲料发出及报表编制等工作。

(2)职责分工　采购岗位可设置专职采购，也可由后勤副场长兼任，负责采购计划编制、价格谈判和组织货源入库等工作；验收岗位可设专职验收员，也可由生产副场长兼任，主要负责入库原料质量的鉴别；保管岗位应设专职人员，负责原料的储存管理，开具原料入库单、成品料出库单，登记材料台账及编制饲料报表；加工岗位应设专职人员，指定一人为组长，负责饲料的搬运、生产加工、送料等。

(3)职责分离控制　采购、验收和保管是三个不相容职务，不能相互兼任，对业务量不大的猪场，保管可由加工人员兼任。

2. 原料采购环节的管理和控制

(1)编制采购计划　采购员根据库存情况及时编制采购计划，开具采购通知单，注明要采购原料的品名、价格、数量、产地、供应商名称等，采购通知单一式三联，采购计划经猪场负责人批准后，交仓库保管一联，财务部门一联，采购员留存一联。

(2)掌握市场信息，适时采购和库存　目前饲料市场价格信息通畅，可以通过网络、报纸，及时了解饲料价格，随时掌握市场动态。小型猪场可以选择价廉质优、服务周到的两、三家供应商送货到场，避免运输途中的损耗；饲料需求量大、资金充足的大型猪场，可以到产地组织货源，降低采购成本。对受生长季节影响较大的玉米和价格易波动的豆粕、鱼粉等原料的采购要慎重，玉米在成熟季节采购价格低水分高，不宜储存，但在淡季采购时价格偏高，因此要选择适当时机保证合理库存；豆粕、鱼粉等原料在价格高涨时要保持适当库存，价格回落时不要盲目扩大库存，在掌握市场动态的同时，要结合需求量和仓储量合理采购和储存。

3. 原料入库环节的管理和控制 原料经过验收员验收合格后入库，保管员根据实际入库数量，核对采购通知单仓库联的有关项目后填开入库单，注明入库原料的品名、价格、数量、供应商名称等，由保管员和验收人员在入库单上签字。入库单至少三联，按连续编号序时填开，一联仓库留存，一联报送财务部门，一联交客户。仓库要设立材料台账，及时登记原料及成品料的收、发、存记录。入库的原料要按类别堆放，每类原料的堆放要整齐，便于月末盘点。

4. 原料加工环节的管理和控制 饲料加工人员要按照生产计划和规定的配合饲料型号进行加工，每类配合饲料都有规定的原料投入比例，加工时严格按配方比例投料，搬运及加工过程中散落的原料要及时清理并投入加工机械中。为加强猪场成本核算，生产的成品料要严格计量，一般每包成品料的重量定为 50 千克，误差不能超过±1%。一种料型的饲料生产完工后，才能进行下一种料型的生产，不能混合生产，生产完工的成品料要按类别堆放。

5. 成品料出库环节的管理和控制 猪场要对饲养员的饲料领用进行定额管理，仓库对饲养组发出饲料要由保管员先开出库单，注明饲养组名称、料型、重量，并由仓库保管员和饲养组长签字，出库单至少三联，按连续编号序时填开，一联仓库留存，一联报送财务部门，一联交饲养组。

6. 原料及成品料盘存和有关报表编制

(1)饲料盘存及报表编制 月末，由猪场负责人汇同财务人员及仓库保管人员对库存饲料进行实地盘存，由保管员编制饲料盘存报表，注明月末各类原料及成品料库存的品名和数量，各方签字后交财务部门 1 份、仓库留存 1 份。

(2)原料入库汇总表的编制 月末，仓库保管人员根据本月入库原料的品名、数量、单价、金额、客户及入库时间，编制原料入库汇总表，连同原料入库单的财务联交财务部门入账。

(3)饲料出库汇总表的编制 月末，仓库保管员要根据本月饲料发出情况编制饲料出库汇总表，按饲养组登记本月发出各类成品料的汇总数量，并附出库单的财务联交财务部门入账。

（4）饲料生产报表的编制　月末，仓库保管人员还应编制饲料生产报表，生产报表应设有期初各类原料及成品料的库存数量、本月购入原料及加工生产成品料的数量、本月加工转出原料及成品料领用数量、月末原料及成品料盘存数量、本月加工损耗量、累计转入转出原料和成品料及损耗数量等要素，其中：

原料加工转出数＝上月原料盘存数＋本月原料购入数－月末原料盘存数；

本月加工生产成品料数＝本月各类原料加工转出数之和；

本月加工损耗量＝上月成品料库存数＋本月加工生产成品料数－本月成品料实际库存数－本月成品料领用数；

加工损耗率＝本月（累计）加工损耗量/本月（累计）加工生产成品料数；

由于原料加工转出数是按期初原料库存数加上本期购入数与期末库存数的倒数，原料的加工损耗转移到生产的成品料中，因此原料在加工转出过程中不反映损耗，加工损耗反映在生产加工的成品料中，其平衡公式为：

成品料上月库存数＋本月加工生产成品料数＝本月成品料领用数＋加工损耗＋成品料月末库存

饲料生产报表由加工组长及保管员签字后交财务部门 1 份，仓库留存 1 份。

（5）饲料台账的登记　仓库保管人员在做好原料及成品料出、入库台账登记的同时，还要根据原料加工结转及盘存调整饲料台账，做到账、物相符。

7. 财务程序和指标控制

（1）单据领取的控制　采购通知单、入库单、出库单必须在财务部门领取，实行登记备案制度，用后核销再重新领用。采购通知单、入库单及出库单在使用时应序时填开。

（2）财务指标控制　猪场应按各饲养组的存栏数量和猪群的

饲养阶段设定饲料使用定额，仓库按定额供料，月末由财务部门计算各饲养组的料肉比，年末根据核定的料肉比对饲养组进行奖惩。年末还要根据核定的加工损耗率对加工组进行奖惩。

8. 饲料核算及账务处理

(1)原料入库的核算和账务处理　月末，财务部门根据仓库报送的原料入库汇总表及明细入库单进行账务处理，按照各类原料的数量、金额登记材料明细账，按照供应商的名称和实际应付金额登记应付账款明细账，账务处理为：借记“原材料－××原料”科目，贷记“应付账款－××客户”科目。

(2)支付饲料款的核算及账务处理　支付客户饲料款时要通过应付账款科目核算，客户要向财务部门提供发票和入库单的客户联，二者缺一不可，发票应有猪场负责人、采购员和保管员签字。同时，财务人员还应将采购员报送的采购通知单与发票和入库单核对，核对无误后办理付款手续，账务处理为：借记“应付账款－××客户”科目，贷记“银行存款”科目。

(3)原料加工核算及账务处理　根据仓库报送的饲料生产报表进行原料明细账的结转，按本月转出原料的数量和入库时单价，核销各类原料的账面价值，同时增加成品料的数量和账面价值，账务处理为：借记“原材料－成品料”科目，贷记“原材料－××原料”科目。

(4)成品料出库的核算及账务处理　由于加工成品料的成本受原料采购成本、运输成本、仓储成本、加工成本的影响，因此成品料成本单价是一个变量，在实际操作中一般按计划成本单价(可参照上年年末计算的成本单价或同行业的饲料成本单价水平)计算发出成品料的价值，年末再调整成品料的成本差异。根据仓库报送的成品料出库汇总表及明细出库单，按各饲养组本月领用成品料型号的数量和计划成本单价计算饲料消耗金额，计入各饲养组的生产成本，账务处理为：借记“生产成本－饲料－××组”科目，贷记“原材料－成品料”科目。

(5)成品料成本单价计算及成本差异处理　为简化核算手续，

可以将与加工饲料相关的运输成本、仓储成本、加工成本等，计入制造费用或生产成本，借记“制造费用－折旧费”科目，贷记“累计折旧”科目；借记：“生产成本－工资”科目，贷记“应付工资”科目等。饲料加工成本仅考虑本期加工各类原料的综合成本：

$$\text{成品料加权成本单价}=\frac{\text{期初原料库存的账面价值}+\text{全年加工转出原料的价值}}{\text{期初原料的库存数量}+\text{全年加工转出原料的数量}}$$

年末调整饲料成本差异时，如果计算出的成品料加权成本单价大于计划成本单价，按各饲养组全年领用数量乘以加权成本与计划成本单价的差额，借记“生产成本－饲料”科目，贷记“原材料－成品料”科目；如果计算出的成品料加权成本单价小于计划成本单价，则借记“原材料－成品料”科目，贷记“生产成本－饲料”科目。

(6)加工损耗的核算及账务处理　饲料加工损耗平时不做账务处理，只在饲料生产报表中反映，若年末计算的饲料加工损耗率在核定的指标内，其损耗计入管理费用，账务处理为：借记“管理费用”科目，贷记“生产成本－饲料”科目；若饲料加工损耗率超过核定的指标，其超过部分先计入“其他应收款”科目，待领导批准扣除个人年终酬金时再做处理，账务处理为：借记“其他应收款”科目，贷记“生产成本－饲料”科目；从个人酬金中扣款时，借记“现金”科目，贷记“其他应收款”科目。

二、猪场的财务管理

现代化猪场的财务管理工作是企业管理工作的中心环节，财务管理必须遵守国家法律、法规，必须遵循企业法等有关规定，并主动接受国家工商、税务、金融部门及本企业审计监察部门的检查和监督。养猪企业和其他产业不同，有它特殊的产品性质，因此财务管理工作的重点就是降本增效。

(一)资金管理核算

现代化养猪生产中，种猪既是养猪生产的核心又是种猪繁育扩群的基础，因此，在猪场财务核算体系中，种猪的核算是核心环节。会计制度规定把种猪作为固定资产管理核算，因为种猪这种资产单位价值较高，使用期限平均达到3年以上，具有固定资产的性质，但是它又不同于房屋建筑、机械设备、自动车辆等固定资产，购入便可以使用，风险性较小。种猪属于活体，必然要配种、妊娠、产仔、淘汰、病死，而且猪群周转的较快，经常发生变化，流动性较强且具有不规律性，又具有流动资产的性质。若在财务上把种猪作为固定资产核算，种猪频繁的生老病死，会造成财务上需要经常调整会计账目，增加财务核算的复杂程序。鉴于种猪具有固定资产和流动资产的双重性质，种猪在生产管理上作为固定资产管理，但是在财务管理上，为便于核算，应把它作为流动资产管理，采取分群核算的方式。

猪场资金管理核算是猪场成本管理的重要组成部分。猪场资金管理核算分为固定资金的应用核算和固定资金的折旧核算。应用计算的主要指标有设施应用率、设施生产率、固定资金产值率和固定资金赢利率。其计算办法如下：

$$猪舍、设施应用率=\frac{每年使用总天数}{365}\times 猪舍生产量(头/米^2)\times 100\%$$

$$固定资金产值率=\frac{总产值}{固定资产平均原值}\times 100\%$$

$$固定资金赢利率=\frac{全年赢利总额}{固定资金占用总额}\times 100\%$$

折旧费提取是用于对已经磨损耗费的固定资产进行大修和更新筹备资金，折旧费必须按期提取逐步积攒。这种将固定资产的磨损与耗费转作生产成本的办法称为折旧，其价值即为折旧费。固定资产的损耗分为有形损耗和无形损耗。有形损耗即为实际财产的损耗，无形损耗即为由于社会发展和技术提高而引起的固定资产的贬值。猪场提取的折旧费应能补偿这两种损耗，历年提取的折旧费累计总额加上固定资产报废时的残值应达到可以更新原固定资产的程度。因此，折旧费每年的提取额应计算正确。在详细提取办法上分为基础折旧和大修理折旧。基础折旧是为更新而提取，大修理折旧是为固定资产的大修理支付费用而提取。详细计算办法为：

$$年基础折旧=\frac{固定资产原值-更新时残值+更新时清算费用}{使用年限}$$

$$年大修理折旧=\frac{每次大修理费用预算\times使用期大修理次数}{使用年限}$$

在实际工作中，为了简化计算，也可以采取综合折旧率计算折旧费，其计算公式为：

$$综合折旧率=\frac{每年提取的折旧费}{固定资产原值}\times100\%$$

固定资产折旧额=固定资产原值×综合折旧率(或某项固定资产折旧率)

(二)流动资金的核算

流动资金的核算反映猪场流动资金的占用和应用后果。主要指标有3个：流动资金周转率、流动资金赢利率和产值资金率。计算办法如下：

流动资金周转率=期内销售总额/期内流动资金占用额(企业：次/期)

式中计算期一般以年(360天)计算。此指标也可以按每次周转所需天数表示，更便利、更直观。

$$流动资金赢利率=\frac{期内赢利总额}{期内平均流动资金占用额}\times100\%$$

$$产值资金率=\frac{定额流动资金平均占用额}{总产值}\times100\%$$

(三)财务预算

做好财务预算的前提是要做财务预测，财务预测是企业未来的融资需求，其真正的目的是有助于应变。财务预测应当展现未来各种可能的前景，促使制订相应的应急计划，从而充分发挥财务的指导生产、监督生产的功效。现代化猪场在进行生产运行时，必须有一定资产，随着生产能力与销售能力的变化，流动资产也随之相应变动，当生产与销售增加到一定范围时还须增加固定资产，这就需要筹措资金。因此，要管理好现代化猪场，需要预先知道自己的财务需求，提前安排融资计划，否则，可能会发生现金周转匮乏的问题。

财务预算的内容有以下几点。

1. 固定费用 猪场正常运行每年需要的固定费用的支出，只要猪场存在并运行，那么这些费用就必然存在，基本上不受生产、销售好坏的影响。固定费用包括折旧费用、种猪价值摊销、材料费、水电暖气费及上缴管理费。

2. 变动费用 猪场运行过程中每生产 1 头猪所需追加投入的变动费用、工资福利费、运输及维修费、低值易耗品等。

3. 销售预测 根据市场的形势估计销售价格并做销售预测。市场销售价格不断地变化，预测要根据 3 年平均销售价格为参数。

4. 盈亏临界分析 盈亏临界点是指收入与成本相等的状态，常用一定的业务量来表示。

$$盈亏临界点销售量=\frac{固定成本}{（单价-单位变动成本）}$$

盈亏临界点销售额＝单价×盈亏临界点销售量

5. 影响利润的因素 影响利润的经济因素主要有产品销售量、产品销售价格、变动销售价格、变动成本、固定成本等四个方面。各因素的变化都会引起利润的变化，但其影响的程度各不相同，有的因素发生较小变化就会使利润发生较大变动。现代化猪场提高利润的最好办法是提高售价，其次是降低变动成本，提高产品销售量，降低固定成本。因为提高产品售价是提高企业利润的最有效手段，价格下跌也将是企业最大威胁，所以当市场价格跌至一定程度时，企业负责人在尽量降低成本、压缩开支的同时，必须考虑依靠外部筹资来维持猪场继续正常运行下去，使之在未来的竞争中立于不败之地。

（四）财务分析

现代化猪场的财务分析是指以财务报表和其他资料为依据和

起点，采用专门方法，系统分析和评价企业的过去和现在的经营结果、财务状况及其动态，目的是了解企业的过去、评价现在、预测未来，找出存在问题，减少决策性失误。

财务分析的方法有比较分析法和因素分析法。

1. 比较分析法 选取2个或几个有关可比数据进行对比的方法。可采用与本企业历史水平对比、与本企业计划对比、与同类企业水平对比。在比较分析过程中，财务比率的比较是最重要的分析，它们是相对数，排除了规模影响，使不同比较对象建立起可比性。常用的企业经营管理各个方面的财务比率主要有以下四类，即变现能力比率、资产管理比率、负债比率和赢利能力比率。

(1)变现能力比率　是企业产生现金的能力，即短期偿债能力，主要有流动比率和速动比率。

$$流动比率=\frac{流动资产}{流动负债}$$

$$速动比率=\frac{(流动资产-存货)}{流动负债}$$

一般认为，生产企业合理的最低流动比率是2，正常的速动比率是1。

(2)资产管理比率　是用来衡量企业在资产管理方面的效率的财务比率，主要有存货周转率和应收账款周转率。

$$存货周转率=\frac{销售成本}{平均存货}$$

$$应收账款周转率=\frac{销售收入}{平均应收账款}$$

通常认为，存货周转率和应收账款周转率越高，说明资金占用水平越低，会相对节约流动资产，增强企业的赢利能力。

(3)负债比率　是指债务和资产、净资产的关系，反映偿付到期长期债务的能力，主要有资产负债率，产权比率。

$$资产负债率=\frac{负债总额}{资产总额}\times 100\%$$

$$产权比率=\frac{负债总额}{所有者权益总额}\times 100\%$$

从财务管理角度看，借款时应充分估计预期利润和增加的风险，当全部资本利润率高于借款利率时，负债比例可大一些。

(4)赢利能力比率　是企业赚取利润的能力，主要有销售净利润和净资产利润率。

$$销售净利润率=\frac{净利润}{销售收入}\times 100\%$$

$$净资产利润率=\frac{净利润}{平均净资产}\times 100\%$$

以上2个指标分别反映每一元销售收入和每一元净资产带来的净利润。净利润的多少与企业资产的多少、结构、经营管理水平有着密切关系，根据以上指标可评价企业经济效益的高低及挖掘提高利润的能力。

2. 因素分析法　依据分析指标和影响因素的关系从数量上确定各因素对指标的影响程度的方法。通常在比较分析的基础上，发现有重大异常变动时，采用因素分析法。

利用以上财务分析方法，能够真正达到深入剖析现代化猪场的财务状况及形成原因，从而帮助猪场管理者做出正确决策，提高现代化猪场的经营管理水平。

三、猪场成本管理的关键环节

养猪企业的目标是追求经济效益的最大化，而降低成本是提高经济效益的有效途径。猪场如何抓好降低成本的关键环节非常重要。

(一)大力开展降耗节能活动

在企业大力开展科技创新、节约等利于促进降耗节能的活动，杜绝饲料、药品等材料浪费，倡导技术革新，强化员工节约意识，“节约一斤饲料、节约一度电、节约一滴水、节约一支药”等，如此一来，不但可以降低员工劳动强度，提高劳动效率，同时也减少了原料消耗，给企业节约了资金成本。

(二)及时、准确、规范地做好生产记录

记录具有追溯性，是反映客观事实的依据。猪场各车间、班组

应及时、准确、规范地做好种猪配种记录、分娩母猪及产仔记录、断奶母猪及仔猪记录、种猪死亡淘汰记录、肉猪转栏记录、肉猪死亡及上市记录、妊检空怀及流产母猪记录、猪群盘点月记录、猪场生产情况周记录、配种妊娠舍周报表、分娩保育舍周报表、生长肥育舍周报表、公猪配种登记月报表、猪舍内饲料进销存周报表、人工授精周报表等各种生产记录,确保物料有效控制。

(三)不断完善激励机制

养猪企业可根据生产实际,按节约与否给予奖惩;设置节约奖与超产奖,且与工资挂钩;不断完善激励机制,激发生产人员的工作积极性。

(四)构建成本核算体系

构建成本核算体系要求建立以企业核算为指导,以车间核算为桥梁,以班组核算为基础的全方位核算体系。该核算体系应全员参与,责任明确,成本费用逐级分担,指标落实到人,实现全过程控制成本,成本核算与目标管理密切结合。

(五)推行成本否决制度

成本否决的核心是以成本指标否决其他经济指标。通常情况下,企业会设计多种考核指标对各部门的工作进行考核,其中将成本指标作为主要指标进行考核。倘若各部门除成本指标外其他各项指标均顺利达成,则应否决其工作业绩,取消对其的奖励。成本否决制度的推行使得各部门自觉将工作重心转到降低成本之上,成本管理自然得到加强且效果明显。

(六)积极进行成本分析

养猪企业需要将成本管理目标、控制措施、实际运行情况等及时在内部公布,做到人人心中有数。同时,应组织相关人员积极进行成本分析,查明问题所在,迅速制订相关管控方案。

(七)提高劳动生产率

作为降低成本的重要措施之一,只要劳动生产率提高,单位产品中的劳动消耗就会减少,单位产品成本的工资费用自然降低。要提高劳动生产效率,企业须采用新技术设备并对员工进行必要的培训以提高素质。同时，还可通过多种途径，如改善劳动条件、改进生产工艺、使用新的材料等来提高。

(八)全员参与全过程控制

成本作为一项综合性指标，涉及企业全员与生产全过程，故应构建一个较为完整的成本管理体系，将成本指标逐项分解到各部门与各员工，织成一个周密的成本管理网络。通过全员参与全过程成本控制与管理，就会在企业内形成一个人人关心成本、处处关注成本的良好氛围。

四、影响猪场成本管理的因素

(一)人力方面的成本因素

猪场定编不合理，人员超编，人员安排不合理，人员能力不够，工作效率低，劳动纪律松弛，缺少劳动定额或定额不合理，人员培训效果差，人员流动不合理，人员的人身安全没有保障等。

(二)财力方面的成本因素

合理避税，利息损失，坏账损失，罚金，管理费超标，缺少管理费定额或定额不合理，不必要的赞助、捐款，不必要的送礼、请客、庆典等开支，不合理的借贷、投资，资金周转缓慢，资金沉淀，拖欠、赊欠货款，财务与成本的分析、核算不够准确，资金的贪污、行贿、挪用，其他不合理的支出等。

(三)物力方面的成本因素

超储积压，超期变质、失效，材料的功能过剩，材料不合格品率超标，定额考核不够，缺少消耗定额或定额不合理，不良品率超标，设备生产能力过剩，设备磨损严重，跑、滴和能源浪费，财产的安全，物资的流失，固定资产的维护不够等。养猪企业生产管理者应经常深入生产一线，积极与员工沟通，倾听其心声，掌握其心理，有针对性地做好思想教育工作，让猪场成为员工的家和员工实现理想的场所，使员工以强烈的责任心自觉主动地为企业的降低成本尽力献策。

五、规模化猪场的管理与成本控制的关键

对于规模化猪场来说，提高能繁母猪年断奶仔猪数量及降低单位增重的生产成本，是猪场成本控制的关键。

（一）提高能繁母猪年生产能力

能繁母猪年生产能力强，即年提供的断奶仔猪头数多，单位产出的成本就低，生产效益就高；反之，断奶仔猪每少 1 头，就会将母猪及公猪的各种饲养成本分摊到断奶仔猪上，成本就会提高，因此，必须充分发挥种猪的生产性能，提高种猪的繁育能力，才能有效降低生产成本。

1. 减少非生产天数 非生产天数是影响每头母猪年供断奶仔猪数的最重要因素。非生产天数是存栏母猪既非妊娠，又非泌乳的天数。影响非生产天数的最重要因素是分娩率，分娩率与非生产天数成反比，分娩率高，非生产天数就少，年供断奶仔猪数就多。

低分娩率是因受胎或妊娠失败造成的。因此必须加强饲养管理，保持良好的体况，在妊娠阶段要严格饲喂量，妊娠时要确保精准，保证能有足够大的初生重，哺乳期要最大限度地让母猪采食，提高泌乳能力，减少仔猪的下痢，提高断奶仔猪的窝重，降低断奶母猪的体重损失。

2. 缩短断奶配种的时间 体况良好的断奶母猪，断奶后 7 天内，大部分都能发情、配种完毕，体况差的断奶母猪往往要 10 多天后才能发情配种。因此，必须重视母猪的饲养管理，降低哺乳期失重，保持良好的体况，使其断奶后能准时发情、配种，降低返情率及流产率。

3. 提高母猪的窝产活仔头数

（1）提高公猪精液品质 饲养公猪非常关注环境温差，使用频率和使用年限。每天饲喂适量的青饲料及驱赶运动 1～2 小时，对提高公猪精液品质很有帮助。

经稀释后用于人工授精的每份精液，有效精子数量应不少于

40亿个(通常80毫升/份)活力应高于0.7。

(2)发情检查　对断奶母猪实行驱赶公猪查情,可有效地查出母猪的发情,及时发现发情的起始时间。每天查情2次,应是每个猪场的配种制度之一。

(3)适时配种　适时配种有赖于每天及时的查情,母猪出现静立反射时就可进行输精配种。

输精过程应特别注意,输精管海绵头的锁住程度是没有锁住、或是松散锁住、还是持续牢固锁住。

精液倒液程度是倒流严重或是有一些倒流,还是几乎没有倒流。

(4)加强饲养管理　按各阶段的不同要求,做到精细饲养。猪是多胎家畜,要防止胚胎早期死亡,提高产仔数,就必须加强饲养管理,精细饲养。哺乳和断奶至发情阶段,应增加母猪的采食量,以降低哺乳期的体重损失,促进断奶母猪卵泡发育,增加排卵数。妊娠期应按各妊娠阶段的不同要求精准饲喂,保持良好体况,促进乳腺发育。

(二)降低单位增重的生产成本

降低单位增重的生产成本,是规模化猪场控制成本的有效措施。它又与能繁母猪的生产能力密切相关,只有产出的最大化,才能使生产成本最低化。

1. 注重饲料品质,提高饲料转化率　只有降低饲料成本,才能有效地降低生产成本。但在选择饲料特别是饲料原料时,不仅考虑价格,还要考虑饲料原料的品质。

饲料品质是影响饲料转化率的主要因素。优质的、营养均衡的饲料能提高猪自身的抵抗力,提高生产性能;饲料中缺乏某些营养物质,短时间内不会发生严重问题,但长期缺乏会严重影响生产性能,降低生产成绩,使单位产出的成本升高。

2. 加强疫病防控能力,确保猪群健康　养猪成本,在很大程度上取决于猪场对疾病的控制能力,只有健康的猪群,才能达到最好的生长速度和最佳的料肉比,才能有效地降低生产成本。疫病防控的主要措施如下。

(1)加强免疫接种　根据猪群抗体水平的监测结果,制定符合本场实际的免疫程度,重点控制好病毒性疫病。

(2)合理的药物保健　落实消毒制度,注意消毒药液的选择。

(3)全进全出的饲养方式　便于防疫,饲养管理。

3. 降低环境因素的影响,减少各种应激　高温、低温、有害气体、运输、频繁的接种疫苗等应激,都会影响猪的抵抗力,造成饲料转化率降低,从而增加成本。因此,必须尽量减少各种应激,为猪群创造良好的环境。

(三)减少生产过程中各种浪费

在养猪生产过程中,无论是散养户或规模化猪场,都普遍存在各种浪费,人为地增加了生产成本。

饲料的浪费:

妊娠舍母猪没有按妊娠期各阶段的不同要求严格饲喂,造成母猪过肥或过瘦。

断奶仔猪没按要求少喂多餐,添加量过多,仔猪采食时将饲料吮出。

产房母猪没加"回头"料,往往一次性添加,母猪采食时将料吮出。

产房仔猪非正常死亡,如压死、饿死等,每死亡 1 头仔猪最少损失 100 元人民币。

操作不规范,引起病原体感染而造成的损失。如仔猪有剪牙、断尾时消毒不严格,感染猪副嗜血杆菌,发生关节炎;又如重胎母猪进产房待产,没按要求清洗消毒或清洗消毒不彻底,使哺乳仔猪感染大肠杆菌或寄生虫而发生下痢。

体况差、有伤、有病的母猪没及时护理而造成淘汰的损失。

添加药物搅拌不均,引起母猪流产的损失。

各种应激引起的损失,如注射疫苗引起公猪精液品质的改变,母猪流产等。

总之,降低生产成本,提高养猪效益,首先是经营理念的转变,因为理念决定行动。充分发挥种猪生产性能，使每头母猪提供的年断奶仔猪达 22 头甚至更多。提高饲料质量，降低增重成本，做到产出的最大化和成本的最低化，同时减少生产过程中人为的各种浪费，只有这样，才能有效地控制生产成本，取得良好的经济效益。

第七章　猪生产的社会流通

目前中国正处于生猪行业大变革、大发展的时代，生猪的社会流通因素直接对生猪行业产生影响，全球各国政府都因国际环境的影响对生猪产业采取了相关的策略。认识生猪流通的社会性对规避或减少生猪业的损失、增加生猪业的利润以及促进其产业发展都大有裨益。

在西方发达国家，养猪技术水平较高，生猪流通体制较为完善和安全。德国在生猪及猪肉生产、流通、屠宰、销售等环节上推行能够表明自身状态的商标化，以进一步保证生猪及猪肉的质量。如所有生产中的生猪必须有标明生产场的耳标记；所有运输中的活猪必须有生产者证明、兽医检疫证明、运输单位证明等；所有屠宰企业屠宰的生猪必须有自己厂家、卫生检疫、等级及屠宰日期等标记；所有在零售商店的猪肉都必须有来源、质量、重量、价格、保质期等标记。如果是生态猪肉还要附加有关生态单位组织的特殊标记和说明。为实现对养猪业质量的全面控制，荷兰政府于 1992 年对整个养猪业实行了从猪场到零售商自愿参与的质量控制计划（荷兰语缩写 IKB）。IKB 体系包含 HACCP 体系中的一些概念和 ISO 9000 的标准，对猪场拥有者、屠宰厂、监督及罚款做出了明确的要求和规定。

目前我国正处于现代化建设的转型时期，现行的生猪流通体制还有待完善。全国有正式注册大小屠宰加工企业约 4 万家，大规模的现代生产企业不为主流，小规模加工企业占据多数，表现为现代化大规模生产方式与传统的小规模生产方式并存，先进流通方式与落后流通方式并存，发达的城市市场与分散的农村市场并存的特点。虽然近来国家多次颁布立法严禁小作坊式的生产加工方式，但生猪与猪肉流通环节出现病害肉、注水肉、劣质肉上市屡禁不止，滥用食品添加剂，无包装肉品污染，虚假广告宣传和标签标注不实等，严重地危害人民群众的利益和健康。随着国家政策的完善和执法力度的加大，以及人们对生猪及其食品安全性的认识，这种状况正在改观。

我国养猪规模化程度较低，大约占20%，绝大多数以小规模和分散经营为主，饲养量全部靠市场调节，形成无序竞争局面。自由竞争，没有规划，给生猪流通造成很大困难，表现出无序的市场竞争，造成生猪价格波动频繁，对养猪积极性影响很大。

第一节　影响生猪价格的主要因素

一、猪的价格构成

养猪生产和经营者经过多时的艰辛养成的生猪，总希望能卖上个好价，追求利润是市场经济的必然要求，但生猪的销售和利润的获取也需要完备的知识，需要对市场相当熟悉、对流程操作相当熟练以及对市场价格能够把握并将生猪销售出去，这也就要求经营者了解市场动向及供求关系，有计划地上市出售。猪的价格是猪价值的货币表现，而市场交易必须用货币表示其价值。猪价格构成包括生产成本、流通费用、利润和税金四个要素。这四个要素相互联系相互制约，它们中任何一个要求的变化，都会影响养猪生产者的经济效益。

(一)生产成本

生产成本是构成猪价格的基本要素，是定价的重要基础，包括生产过程中消耗的各种饲料费、固定资产的折旧费、劳动工资管理费、药品防疫费、能源消耗费等。在生猪生产过程中，饲料成本占养猪成本的60%以上，而猪的饲料中很大一部分来自粮食。因此，粮食的产量和价格直接影响生猪生产的数量和价格。生猪生产的实践表明，猪价与粮价之间存在一种必然的、相互适应的规律，即“猪粮比价规律”，合乎这一规律，就可以实现产销的宽松平衡，否则就必然出现产大于销或产不足销的被动局面。猪粮比越高，说明养殖利润情况相对越好。

（二）流通费用

流通费用是指生猪在整个流通过程中的费用支出，包括运输费、损耗费、利息、保管费和各项杂费等。

（三）利　润

利润是养猪生产者新创造的价值。利润的大小受多种因素制约，但必须合理，而且必须合理分配于整个生产过程中的各个环节。

（四）税　金

税金是价格构成的重要因素。我国目前为鼓励养猪生产行业的发展，调动养猪生产者的积极性，免除了养猪生产者的税金。

二、影响生猪价格的主要因素

影响生猪市场价格的因素非常多，也非常复杂，它除了受生猪自身因素的影响之外，还会受到外界各项因素的影响。市场供需的变化能够影响到生猪的价格，国家或地方政府政策对生猪的市场价格进行调控、对生猪进行补贴、进行生猪贮备调节生猪上市时间、设立生猪保险险种以及大范围的疫病流行、季节节日、国际性的大型活动盛会（奥运会、世界性的体育赛事等）、当前人们的生活水平均会影响到生猪的市场价格，引起价格的浮动。

（一）猪的价格

构成猪价值的生产成本是影响猪价格的主要因素，同时养猪生产者为社会创造的价值只有成为价格的组成部分，猪的价格才能反映价值。例如商品瘦肉型猪产瘦肉量多，营养和饲养技术要求比普通商品生猪高，生产成本也高，因此，售价应该比普通商品生猪高。

（二）国家的政策调控

为了扶持生猪的生产和发展，建立生猪生产稳定发展的长效机制，防止生猪价格过度上扬或下跌，稳定生猪生产，维护生猪养殖户利益，国家往往会在所处的不同时期制定相应的政策。

我国在1985年以前对猪的价格实行统一价格政策，猪的价格一般较低，市场猪的价格稳定，但养猪生产经营者获利甚微。1985年后，实行国家指导价格和市场调节价格相结合的双轨制，猪的价格才逐步上升。自2007年以来，我国政府已连续3年出台了关于生猪生产的各类补贴政策，主要包括能繁母猪补贴、生猪良种补贴、生猪强制捕杀补贴、规模养殖场补贴等，生猪补贴政策对稳定农户收入、抵御养殖风险、增加产量、提高农户的养殖积极性起到了良好的作用。

近两年来，生猪生产环节一直处于利润危机的地带，鉴于这种情况，国家采取了应对策略，对危机时期实行能繁母猪养殖补贴政策。如规定按中央、省、县三级财政分担60%、20%、20%的比例，每头每年补助100元。同时增加能繁猪的险种，对能繁母猪实行政策性保险，按每头1000元、880元两个标准，由养殖户自愿投保，费率6%，保费按中央财政50%、省财政20%、县财政10%、养殖户个人20%进行分摊。这些政策有效地刺激了生产者的养猪积极性，对生猪社会流通也产生了极大的影响。

(三)市场的供求调控

我国目前千家万户副业养猪的总头数占生猪的大部分，他们养猪的多与少，对我国猪肉市场供给影响极大，因而也影响猪的价格波动。而农民养猪数量的多少，与他们所在地区的自然资源和社会经济条件有密切相关，农村经济较发达地区，养猪的农户逐渐减少，养猪的数量少，一般价格较高；而经济发展后进地区，养猪农户较多，则猪的价格也低些。多年来，我国猪肉及其制品一直占肉类中的主导地位，生猪存、出栏份额一直非常高，表7-1列出了我国自1996年至2008年生猪数额的情况。

表 7-1　我国生猪生产情况(1996—2008 年)

年　份	生猪出栏头数(万头)	猪年底头数(万头)	猪肉(万吨)
1996	41225.20	36283.60	3158.00
1997	46483.70	40034.80	3596.30
1998	50215.10	42256.30	3883.70
1999	51977.20	43144.20	4005.60
2000	51862.31	41633.61	3965.99
2001	53281.08	41950.46	4051.71
2002	54143.87	41776.22	4123.10
2003	55701.78	41381.81	4238.64
2004	57278.48	42123.40	4341.00
2005	60367.42	43319.11	4555.33
2006	61207.26	41850.39	4650.45
2007	56508.27	43989.46	4287.82
2008	61016.61	46291.33	4620.50

市场调控包括以下三方面。

1. 猪粮比价　即同一市场、同一时间内生猪单位重量价格与粮食价格之间的比例。我国多以玉米为主,国外则以小麦为主,猪粮比价合理,养猪数量就增加,比价不合理,则养猪数量就会下降。生猪生产过程中,饲料成本占养猪成本的 60%以上,而猪饲料成本很大一部分来自粮食。生猪生产实践表明,猪价与粮价之间存在一种必然的、相互适应的规律,即“猪粮比价规律”。猪粮比价=生猪价格÷玉米价格来计算。一般来讲,猪粮比价越高,说明养殖利润情况越好。长期以来,我国养殖及统计行业普遍使用猪粮比价来衡量养猪效益情况。

2. 消费者的需求　国家经济实力的强弱,人们生活水平的高低,将直接影响到对生猪产品的需求,当人们的生活水平较高时,才会有经济实力消费大量的猪肉及其制品,为生猪产业带来勃勃生机，增加产业链条的推动作用。

养猪技术水平的高低，以及与市场相关的畜、禽、水产品的丰富程度及其价格，也对生猪市场供给量的变化和价格的波动产生影响。如禽肉、蛋和鱼的产量增加快而多，价格又低廉，从而影响到生猪和猪肉产品的价格下滑，反之，生猪及猪肉价格则上扬。

3. 生猪期货 针对目前生猪行业面临的风险，业界更加盼望出现生猪期货这样一种市场化的工具，以发现和引导价格，规避市场风险。近期，生猪期货成了业界热议的话题。

生猪期货是标的物为生猪的期货合约，是国际期货市场主要的畜牧品种之一，其在美国的期货市场已经有 40 多年的历史，并成功帮助无数农场主规避了市场暴涨、暴跌的风险。目前，我国生猪行业主要存在两方面的风险，即疫情风险和市场风险。近些年来，市场风险已成为整个养猪行业最大的风险。目前生猪市场价格波动大的原因之一是，生猪生产还只是一个小生产体系，没有与市场紧密衔接。比如究竟生猪存栏有多少，市场需要多少，价格是什么等等都没有体系。因此，养殖户对于市场价格只能听之任之。而生猪期货的推出，将在一定程度上建立起相关的市场体系，以减少生猪生产的盲目性和市场风险。

但也有专家对生猪期货抱着十分谨慎的态度。他们认为，由于我国生猪生产的规模化和标准化程度都不高，生猪期货的标准和科学的定价都很难确定。因此，生猪期货执行起来风险太大，很难具体操作，我们还不能期望依靠生猪期货来根本解决生猪产业目前存在的所有问题。

近年来中央一号文件提出利用期货交易等手段稳定生猪价格，表明了政府利用市场化手段化解生猪市场困境的决心。当前正值生猪市场震荡、生猪产业困惑之时，生猪期货的推出十分必要，时机恰当。开展生猪期货交易，可以为生猪市场提供具有指导作用的预期性价格，提供“先卖后养”机制，让农户和企业能提前锁定利润，规避价格风险，从市场机制层面解决“猪贵伤民”、“猪贱伤农”的问题，避免生猪产业的大起大落，有计划地组织生猪生产，保障养殖户的利益。

(四)其他因素的影响

国家对生猪价格预警机制的建立、生猪活体贮备库设立、对生猪设立相关保险险种以及公众宣传媒体对生猪突发事件的宣传报道等都会直接影响到生猪的价格。另外,国内外针对相关农业政策进行调整、国际贸易政策的变化、相关食品政策的出台以及国际经贸组织及其协定的制定和颁布都会直接或间接影响到生猪的市场价格。

第二节 猪的生物学特性对其价格机制的影响

在生猪市场上,常会发生这样一种现象,即某一时期猪总头数减少,对市场上的生猪价格有利(高于成本加平均利润),养猪生产经营者就会只根据当时市场价格和利润决定未来的生产,增加母猪饲养量,减少小母猪出栏,这样就使当时市场生猪的供给量进一步减少,在一年半左右的时间里,即小母猪生长发育到性成熟,配种后妊娠,产出的仔猪经育成、肥育整个过程 18 个月。在这段时间内生猪的市场供给量不可能有过多的增加,猪的价格一直维持较高水平,一年半以后,生猪上市量增加,猪价会出现下跌趋势。由于猪的生物学特性的影响,使猪的供给对市场价格的反应呈现出滞后现象。

在相反的情况下,某一时期生猪总头数增加,市场上价格就会下跌(低于成本加平均利润),使得养猪生产经营者因担心猪价进一步下跌而提前出售生猪,市场猪肉供给量继续增加,猪价必将进一步降低,大约要经过半年时间(约相当于生猪的饲养时间),待养猪生产者存栏生猪差不多出售完,才会表现出生猪总供给量减少,猪价又会上升,即猪的市场不利价格对猪总供给量减少的影响,也要经过一定的滞后期才能表现出来。据统计,上市猪的高峰大约总是出现在猪价高峰后的 2 年;上市猪数量的减少,大约出现在猪价格下跌后的1～2年。

我国短期内仍以千家万户分散养猪为主，致使生猪价格机制的滞后特点表现得特别突出，但随着养猪生产规模的不断扩大，价格的波动影响生猪供给量消长的滞后期将逐渐延长。只要国家从宏观总体上，养猪生产经营者从局部个体上，都能掌握和利用猪肉价格机制的滞后性，就可能避免生猪市场供给量和价格的大幅度波动。国家建立的商品瘦肉猪基地和扩大养猪专业户的规模，将对价格机制的滞后性产生积极的调控作用。

第三节　猪肉价格的管理参数

在生猪的社会流通体制和过程中，受到非常多的因素影响，下面择其目前常有的一些形式简要地做一叙述，希望对养猪产业链中各环节的经营者能够有所启示。

一、我国生猪的价格管理

根据我国市场经济发展的需要，在不同时期规定了两种价格管理形式。

一种是1985年前我国养猪生产实行国家定价，计划管理，即实行“统一收购、统一加工、统一调拨”的管理形式。在生猪总的供给量不足的情况下，保证城乡居民的肉食供应，稳定市场物价，使人民生活水平逐步提高等方面发挥了重大作用。

但是，这种价格政策，因生猪收购价低，影响到养猪生产经营者的生产积极性，不可能保持长期不变。

第二种是1985年初，中共中央、国务院决定改革农副产品的统派购制，在国家计划指导下，扩大市场调节，规定除个别品种外，国家不再向生产者下达统派任务，按不同情况，分别实行合同条约和市场收购相结合的方法。国家实行指导价格后，由于生猪价格较前计划价格高，增加了消费者的负担，国家用财政拨款对城市居民实行补贴，实行生猪价格的双轨制，使养猪生产经营者受益，调动了生产积极性，使猪肉总供给量大大增加，国营食品部门改变了经营作风，生猪市场出现了购销两旺局面。

但是，生猪价格实行双轨制后，也出现了一些问题，这是向市场经济转变当中出现的暂时问题，例如养猪生产周期波动性较大，即出现大起大落现象，至今养猪生产保险基金还未建立起来，国家对此还缺乏一套完善的宏观调控措施。饲料等生产资料的价格涨幅大于生猪及其产品价格的涨幅，使生产效益下降，生产力受到损害。养猪生产自身就承担着一定的风险性，经受不起价格大起大落的冲击，希望得到政策的保护。产销关系混乱，市场缺乏秩序，流通成本加大，环节利润增加、成本大增促使生猪价格的上涨，此外，实行对城镇居民副食补贴，也非长远之计，增加了国家财政承压力。

如今，国家对生猪的市场机制几乎完全放开，不同规模的养猪企业、团体及散户完全被推向了市场，由市场决定他们的生存和发展。但国家为了保护规模化养猪企业和市场猪肉供应，建立和谐的社会氛围，在尊重市场规律、充分发挥市场机制调节作用的基础上，也制定了以市场为主导、政府调控为辅助的配套措施，调节市场供求，引导市场预期，缓解生猪生产和价格的周期性波动；并建立各项机制以稳定人们生活的饮食供应和促进生猪的市场发展，并在实施过程中逐渐加以完善。

二、成本管理

养猪生产成本是指养猪生产过程中所发生的各项费用的总和，是反映猪场生产经营活动的一个重要的综合性经济指标。猪场经营管理中各方面工作业绩，都可以直接或间接地在成本上反映出来。如猪场种猪的好坏、产仔的多少、成活率的高低、劳动生产率的高低、饲料消耗是否合理、固定资产的利用情况、资金运用是否合理以及供产销各环节的工作衔接是否协调等。不断分析养猪生产成本，有助于考核猪场经济效益，有利于制定措施，促进其经济管理工作的不断改善，努力降低生产成本，提高生产效益。

占国际猪肉贸易量约 1/3 的丹麦养猪业总成本为 9.41

DKK/千克屠体[屠体在丹麦的定义为屠宰后去内脏(不包括板油和肾)的部分]。2004 年,屠体/宰前活重为 76.18%。其成本构成如图 7-1 所示。

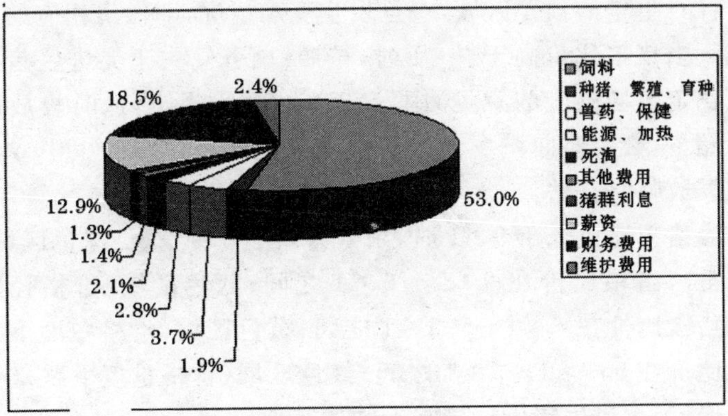

图 7-1 丹麦全国猪场总成本构成 (每千克屠体)

三、猪粮比价

不同的历史阶段和国家,猪粮比价会有所不同,如我国 1978 年和 1979 年猪粮比价分别为 4.55∶1 和 4.17∶1,造成集体养猪数量锐减。北京 1996 年上半年猪粮比价为 4.27∶1,如不采取措施,必将影响规模化猪场的发展。20 世纪末,我国根据当时的发展水平,将猪粮比价维持在 6～7∶1 作为参考值,当时国外猪粮比价一般都在 8～10∶1。

当今社会工业化现代化程度非常高,饲料原料价格波动变得越来越大,对生猪的社会流通产生的影响越来越明显。

(一)现今我国猪粮比价的预警参数和响应机制

1. 预警参数 在预警指标上,国家判断生猪生产和市场情况时,将猪粮比价作为基本指标,同时参考仔猪与白条肉价格之比、生猪存栏和能繁母猪存栏情况,并根据生猪生产方式、生产成本和市场需求变化等因素适时调整预警指标及具体标准。主要目标是猪粮比价不低于 5.5：1；辅助目标是仔猪与白条肉价格之比不低于 0.7：1；生猪存栏不低于 4.1 亿头；能繁母猪存栏不低于 4 100 万头。

针对生猪的预警区域，一旦发生变动情况，即做出相应的应急措施。当猪粮比价高于 9：1 时，按照《国务院关于促进生猪生产发展稳定市场供应的意见》国发[2007]22 号规定，适时投放政府冻肉储备，必要时向城乡低保对象和家庭经济困难的大中专院校学生发放临时补贴。

当猪粮比价低于 9：1 时，划分为以下 5 种情况：绿色区域（价格正常），猪粮比价在 9：1～6：1 之间；蓝色区域（价格轻度下跌），猪粮比价在 6：1～5.5：1 之间；黄色区域（价格中度下跌），猪粮比价在 5.5：1～5：1 之间；红色区域（价格重度下跌），猪粮比价低于5：1；生猪价格异常下跌的其他情况。

2. 响应机制 国家加强监测和统计报告工作，根据猪粮比价的变动情况，分别或同时启动发布预警信息、增加储备、调整政府补贴、进出口调节等措施。

(1)正常情况 当猪粮比价处于 9：1～6：1 之间（绿色区域）时，做好市场监测工作，密切关注生猪生产和市场价格变化情况。各部门根据职责定期发布生猪生产和市场信息。中央和地方正常猪肉储备规模主要用于满足应急和救灾的需要。

(2)三级响应 当猪粮比价低于 6：1 时，在中国政府网及时向社会发布生猪市场预警信息，并通过其他媒体向社会发布。

当猪粮比价连续 4 周处于 6：1～5.5：1 之间（蓝色区域）时，根据市场情况增加必要的中央和地方冻肉储备，并着手做好实施二级响应的前期准备工作。

(3)二级响应 当猪粮比价低于 5.5：1 时，通过财政贴息的形式鼓励大型猪肉加工企业增加商业储备和猪肉深加工规模。

当猪粮比价连续四周处于 5.5：1～5：1 之间（黄色区域）时，进一步增加中央政府冻肉储备，同时要求主销区和沿海大中城市增加地方冻肉储备，还可以适当增加地方政府的活体储备。

(4)一级响应　当猪粮比价低于5∶1(红色区域)时,较大幅度增加中央冻肉储备规模。

增加政府储备后,猪粮比价仍然低于5∶1,而且出现养殖户过度宰杀母猪的情况,月度母猪存栏量同比下降较多时,对国家确定的生猪调出大县的养殖户(场),按照每头能繁母猪100元的标准,一次性增加发放临时饲养补贴;对国家确定的优良种猪场的养殖户(场),按每头公种猪100元的标准,一次性发放临时饲养补贴。

适当限制猪肉进口,减少当期市场供应;完善食品安全体系建设,鼓励猪肉及其制品出口。

(5)其他异常情况　当出现生猪价格异常下跌的其他情况时,及时研究提出调控生猪市场的相应措施。

(二)针对当前猪粮比价的探讨

随着科学研究的发展,以及各饲料原材料的价格变动,有些科研工作者认为猪粮比价5.5∶1不再是养猪盈亏平衡点,还有些研究认为用猪粮比价来衡量盈亏未必有效。

猪粮比价是我国传统上衡量养猪是否盈利的一个重要指标,由于玉米在猪饲料中占比例高达60%～80%,因此通常以玉米价格作为饲料粮价格进行计算。众多研究猪价的学术论文,均以猪粮比价5.5∶1作为研究猪价走势的基点。在2009年1月13日国家发改委、商务部等六部门联合发布了《防止生猪价格过度下跌调控预案(暂行)》中5.5∶1这一个比价也是国家是否实施救市措施的重要依据。但在新形势下,猪粮比价是5.5∶1时,养猪户能否不造成经济损失是个值得商榷的问题。

有些研究者认为,在分散养殖占绝对主导地位时,猪粮比价能够较好反映养猪户的投入产出比。而当前,蛋白质饲料原料已经在饲料中占有一定比例,存在相当的不合理性。以2008年年底豆粕价格的波动为例,豆粕在短短的1周内价格暴涨1 000多元/吨,饲料企业纷纷调高饲料价格75～150元/吨,而玉米的价格却变化不大。猪粮比价没有出现大的变动,但实际上,养猪户的饲养成本增加了不少。中国农业科学院农业经济与发展研究所对我国生猪生产成本收益进行过专题分析研究认为,实际生产中,人力成本、防疫成本及环保成本在养猪成本中所占的比例越来越大。如防疫成本较以往增加4倍,人力成本约增加2倍,环保成本由原来的微乎其微逐渐加重。在各种养殖成本均发生较大变化时,以玉米为基准的猪粮比价5.5∶1很可能已经不是养猪盈亏平衡点。

比如,2008年初,我国养猪的猪粮比价达到9.45∶1,远远超过5.5∶1,并不能说明养猪生产者得到了超高利润。事实上,这时再用猪粮比价5.5∶1作为养猪盈亏临界值已经不适宜了。因为养猪成本的构成发生了很大变化,仔猪费用超高,人工费用也大涨,使得玉米成本在养猪投入成本中下降,猪粮比价盈亏临界值也应该比5.5∶1高很多。

与上述相反,有些专家也认为,以猪料比价衡量盈利性更为合理,其主要理论依据以下几个方面。

从经济学角度看,养猪产出与投入的差即为养猪盈利。产出是活猪出栏销售所得收入;投入主要包括饲料、水电费用、占地、疾病预防及治疗、固定设施投入(折旧)、人力成本等。不同时期,养猪投入并不相同,但饲料成本始终占主要部分,为70%~90%。养猪盈亏平衡即为投入=产出。

公式①:

配合料价格=玉米等能量原料价格×添加比+豆粕等蛋白质原料价格×添加比+其他

公式②:

饲料成本=配合饲料价格×料重比×猪出栏体重

公式③:

总投入成本=饲料成本+水电费+疾病预防费用+固定设施折旧+人力成本等

公式④:

总产出=活猪价格×活猪出栏体重

由以上各公式推出:

猪料比价(活猪价格/配合料价格)＝料重比×(总投入成本/饲料成本)

猪料比价＝活猪价格/肥育猪配合饲料价格

当农户散养在养猪业中占据绝对主导地位时，工业饲料难以在养猪生产中得到广泛推广，以猪料比价很难全面、真实反映养猪盈利情况。因此，其前提是工业饲料得到推广、普及。

所以，猪粮比价和猪料比价哪个更能反映养猪盈利情况，其决定因素在于工业饲料是否在养猪生产中得到广泛推广。而养猪生产的规模化程度直接影响到工业饲料的推广。而我国养猪规模化程度正快速提高。因此不难看出，目前以及今后衡量养猪盈利的指标，猪料比价比猪粮比价更合理。

四、消费者的需求

据1988年国家统计资料，城镇居民户均的生活费低于2 000元；人均消耗猪肉16.65千克；2005年户均年生活费在4 000～4 500元，人均消耗猪肉量增加至22.28千克。随着人们猪肉消费量的增加，也必然影响到生猪的价格。

五、屠宰加工

根据联合国粮农组织2009年中期发布的农业展望报告，全球猪肉消费量预计将以每年近2%的速度增长，到2018年将增长至3.2亿吨，涨幅为20%，其中猪肉消费量占37.5%。目前中国已发展成为世界最大的肉类生产人国。2008年，中国肉类生产达到7 279万吨，占世界肉类总产量的29%，居世界之首，其中猪肉总产量为4 620万吨，占全部肉类产品的63.54%，约占世界猪肉总产量的46%。

尽管如此，影响和制约我国生猪产业发展的因素却依然很严重。我国的生猪产业链条分割明显，前后链条衔接程度非常低，养猪生产、生猪收购、屠宰加工、猪肉销售这四个环节本应有机联系，在中国却呈断裂现象，增加了生猪的社会流通和价格的波动。我国的屠宰企业工业化程度较低，按照屠宰工业化程度分，工业屠宰量仅占全部生产总量的 7.7%；如果按上市交易量计算，机械化屠宰率也仅为 18%～20%，商务部 2003 年的一项调查显示，在几百家机械化样本企业中，生猪屠宰设备利用率仅为 39.8%。从全国 4 万多家定点屠宰厂（场）的情况看，达到先进水平的只有 100 家左右，仅占 0.33%；具有相对完善机械设备的约 2 000 家，占 6.7%；其余 2 万多家处于半机械化和手工屠宰状态。相当一部分定点屠宰厂（场）生产条件和卫生环境差，检疫检验水平低，工人没有上岗证和健康证明，达不到食品安全管理的起码要求。自国务院颁布《生猪屠宰管理条例》以来，初期对私屠滥宰起到了很大抑制作用。但随着市场化的不断深入和行政机构频繁改革，国家行政机关对肉类行业的管理已相当薄弱，监督和执法受到较大影响，有法不依、执法不严、违法不纠的现象比较严重，导致私屠滥宰屡禁不止。2004 年底，据商务部估算，全国 1 年出栏生猪 5.6 亿头，其中定点屠宰 3 亿头，占 53.6%；农民自宰自食 1.5 亿头，占 26.8%；私屠滥宰 1.1 亿头，占 19.6%。

六、生猪期货

自古以来，猪肉就是我国多数民众肉食的首选。然而，如今的养猪产业却成了多不得、少不得、不多不少最难得的窘境。据统计，我国人均猪肉消费量为 39.6 千克/年，占肉类消费总量的 65%。作为畜牧业中最大的产业，生猪产业在国民经济中占据重要地位。但是受制于缺乏未来价格和农户的信息不完全，养殖户只能根据局部地区的当前供求关系和价格变动安排生产，从而导致猪价经常呈现“蛛网现象”，即陷入“生猪卖难－价格下跌－宰杀母猪－生猪减少－供应短缺－价格上涨－养殖增加－生猪卖难”的怪圈。

对此，国务院曾多次下达稳定生猪市场的意见，同时也对生猪和猪肉进行了补贴和收储等宏观调控的措施。然而这些措施似乎并没有起到太大的作用。

此外，由于生活条件的改善，当前民众普遍喜食鲜肉，冻肉的市场需求非常有限，加之当前猪肉市场容量巨大，收储冻肉这一调控方式难以起到实质性的效果。而活体储备具有明显的天然局限性，只能当做临时措施。宏观调控方式仅仅调整生猪的数量，而并未触及价格这一市场机制的核心，市场出现的问题仍需市场手段来根治。

因此，更多的专家把目光转向了生猪期货。作为芝加哥商业交易所的成熟品种，生猪期货已经过了 40 多年的检验，成功诠释了市场工具在生猪产业中的重要作用。美国数据显示，生猪期货推出后，美国生猪产业市场的波动明显小于推出前。

也有一些业内专家表示，由于我国生猪生产的规模化和标准化程度都不高，生猪期货的标准和科学的定价都很难确定。因此生猪期货执行起来风险太大，很难具体操作，我国还不能依靠生猪期货来根本解决生猪产业目前存在的问题。但是生猪期货的最终结局却是众心期待的。

推出生猪期货可以进一步完善生猪流通体系、稳定生猪生产与消费，减少生猪价格波动，推动生猪产业持续健康发展。目前，国内开展生猪期货交易具备良好的现货基础，上市条件已经成熟。

生猪期货上市后，将带来整个生猪市场各方主体的共赢和产业链条的稳定。一是有助于增加养猪农民收入。利用生猪期货的价格发现功能，可以引导农民合理确定饲养规模，科学把握销售时机，降低生猪饲养和销售的盲目性，稳定与增加农民收入。二是为相关企业提供价格风险管理工具。上市生猪期货后，猪肉加工商、贸易商通过开展套期保值业务，提前锁定其销售或采购价格，有效应对市场化条件下猪肉价格波动，回避猪肉价格不利变动所带来的风险，保证企业收益的稳定。三是有效提高中国生猪产业化程度。开展生猪期货后，可以通过推行“公司＋农户、期货＋订单”的新模式，有助于引导我国生猪产业转换生产、流通和销售模式，切实提高生猪产业化程度。

2008 年我国生猪期货在大连商品交易所完成首次模拟交易，

据悉，模拟交易过程首先对生猪检验检疫证、车辆消毒证等手续进行查验；其次对生猪进行“体检”，通过“体检”的生猪再进行评级、称重；最后进行生猪交易。大连商品交易所研究部表示，模拟交易以生猪活体作为交易标的，交易选取了100头生猪，为保证货物标准化，模拟交割的标的物为三元杂交猪，体重95～105千克，瘦肉率59%～61%。市场人士表示，模拟交割对生猪期货合约的设计是一次实际检验，有助于对生猪期货合约的有关制度进行完善。

我国的生猪期货会不会到来，又最终如何，有待时间的检验，我们可用科学的眼光迎接它的到来。

附录 生猪标准化示范场验收评分标准

申请验收单位：　　　　验收时间：　　年　　月　　日

必备条件（任一项不符合不得验收）	1. 场址不得位于《中华人民共和国畜牧法》明令禁止区域，并符合相关法律法规及区域内土地使用规划	可以验收 不予验收
	2. 具备县级以上畜牧兽医部门颁发的《动物防疫条件合格证》，两年内无重大疫病和产品质量安全事件发生	
	3. 具有县级以上畜牧兽医行政主管部门备案登记证明；按照农业部《畜禽标识和养殖档案管理办法》要求，建立养殖档案	
	4. 能繁母猪存栏 300 头以上，且年出栏肥猪 5000 头以上	

验收项目	考核内容	考核具体内容及评分标准	满分	得分	扣分原因
一、选址与布局（15 分）	（一）选址（6 分）	水源充足，通风良好得 1 分，供电稳定得 1 分	2		
		距离生活饮用水源地、居民区和主要交通干线、其它畜禽养殖场及畜禽屠宰加工、交易场所 500 米以上，得 2 分	2		
		占地面积符合生猪养殖需要，每头能繁母猪占地 40 米^2 以上，每减少 2 米^2 扣 1 分	2		
	（二）布局（9 分）	生活区、生产区、污水处理区与病死猪无害化处理区分开，各区相距 50 米以上，生活区与其它区未区分者扣 3 分，其它任意两区未分开扣 1 分	4		
		生产区内种猪区、保育与生长区分开，出猪台与生产区保持严格隔离状态，出猪台未严格隔离扣 2 分，任一项未区分扣 1 分	3		
		净道与污道分开，不交叉。未区分扣 2 分，存在交叉扣 1 分。	2		

申请验收单位：　　　　验收时间：　　年　　月　　日

二、设施与设备（35分）	（一）栏舍（10分）	每头能繁母猪配套建设 12 米^2 栏舍，其中种猪区每头能繁母猪配套建设 5.5 米^2 栏舍，任一项减少 0.5 米^{2}2 扣 1 分	8		
		有独立的后备猪隔离舍，没有独立者扣 1 分。	2		
	（二）生产设施（16分）	300 头母猪至少配备 72 个产床，每少 2 个产床扣 1 分	8		
		分娩舍、保育舍采用高床式栏舍设计各得 1 分	2		
		种猪舍、保育舍配备通风换气与温控等设备各得 1 分	2		
		饲料、药物、疫苗等不同类型的投入品分类分开储藏，设施设备完善得 1 分；储藏标识清晰得 1 分	2		
		有自动饮水系统得 1 分，加药系统得 1 分	2		
	（三）防疫设施（9分）	有防疫隔离带得 1 分，防疫标志明显得 1 分	2		
		有预防鼠害、鸟害设施各得 1 分	2		
		有兽医室得 2 分	2		
		场区入口有车辆、人员消毒池得 1 分，生产区入口有更衣消毒室得 2 分	3		

申请验收单位：　　　　　验收时间：　　年　　月　　日

三、管理与防疫（24分）	（一）制度建设（6分）	有生产管理、投入品使用、卫生防疫等管理制度，并上墙，执行良好得3分	3		
		有不同阶段生猪生产管理规程，不完整扣3分	3		
	（二）人员素质（2分）	有1名以上经过畜牧兽医专业知识培训的技术人员，持证上岗，得2分	2		
	（三）引种来源（2分）	种猪来源于有《种畜禽生产经营许可证》的种猪场得1分，"三证"真实完整得1分	2		
	（四）档案管理（10分）	有生产记录档案，包括配种、产仔、哺育、保育与生长肥育记录，得2分，记录保存3年以上得1分	3		
		有防疫档案，包括消毒、免疫、抗体监测记录，得2分，记录保存3年以上得1分	3		
		有病死猪处理档案，包括解剖、无害化处理记录，得1分，记录保存3年以上得1分	2		
		有员工培训计划和培训记录各得1分	2		
	（五）防疫管理（4分）	进入生产区严格执行更衣、冲洗，执行良好，得2分	2		
		根据抗体监测结果制定免疫计划，执行良好，得2分	2		

申请验收单位：　　　　验收时间：　年　　月　　日

四、环保要求（20分）	（一）环保设施（6分）	有固定的猪粪储存、堆放设施和场所，并有防雨、防渗漏、防溢流措施。得3分	3		
		有猪粪发酵或其他处理设施，或采用农牧结合方式处理的大型贮粪池。得3分	3		
	（二）废弃物管理（5分）	污水处理后达标排放或不排放得3分，有定期污水监测记录得2分；或采用农牧结合方式处理利用，得5分。	5		
	（三）无害化处理（6分）	配备焚尸炉或化尸池等病死猪无害化处理设施得3分	3		
		病死猪采取焚烧或深埋的方式进行无害化处理得2分，记录完整，得1分	3		
	（四）环境卫生（3分）	场区内卫生状况较好，垃圾集中存放，位置合理得3分	3		
五、生产水平（6分）	（一）繁殖性能（4分）	每头母猪年提供上市猪数18头以上，得3分，每减少1头扣1分（查看出售、转群和出场检疫记录等）	3		
		母猪配种受胎率80%以上得1分，低于75%不得分	1		
	（二）生长性能（2分）	达100kg日龄170天以内，每多5天扣1分	2		
总分			100		

说明：各项考核内容进行量化打分时视质量差异酌情扣分，得分保留小数点后一位，单项内容最低分为0分；除有特殊说明外，各项考核指标以养殖场上年统计数据为准。

验收专家签字：

参考文献

[1] 张洪喜,李俊奇,钱建旺,等. 规模化猪场兽医防疫卫生工作规程[J],咸阳:《家畜生态学报》,2001,02.

[2] 曲万文主编. 现代猪场管理实用技术(第二版)[M]. 北京:中国农业出版社,2009,85-98.

[3] 朱模忠主编. 药物手册. 北京:化学工业出版社,2003,19-25.

[4] 张楠,周光宏,李业国,等. 应用PG-100智能化猪胴体分级仪和人工分级方法建立猪胴体瘦肉率预测模型的研究[J]. 北京:食品科学,2006,27(9):58-62.

[5] 张楠,周光宏,徐幸莲. 国内外猪胴体分级标准体系现状与发展趋势[J]. 北京:食品与发酵工业,2005,31(7):86-89.

[6] 陈清明主编. 现代养猪生产. 北京:中国农业出版社.